C.H.BECK ■ WISSEN

in der Beck'schen Reihe
2063

Kometen zählten schon immer zu den spektakulärsten Ereignissen am nächtlichen Sternenhimmel, wie dies Bilder vom Stern von Bethlehem oder die Kometendarstellung des berühmten Wandteppichs von Bayeux besonders deutlich werden lassen. War es zu jenen Zeiten der *Halley'sche Komet,* der die Menschen tief beeindruckte, so sind es gegenwärtig die Kometen *Hyakutake* (März 1996) und *Hale-Bopp* (Frühjahr 1997), die von der Öffentlichkeit und den Medien besonders aufmerksam verfolgt werden. Aber auch die 1999 und 2003 bevorstehenden Flüge zu den Kometen *Wild 2* und *Wirtanen* werden nicht nur zu aufsehenerregenden Bildern und neuen Erkenntnissen führen, sondern erneut die Kometen in den Mittelpunkt des allgemeinen Interesses rücken.

Prof. Dr. *Diedrich Möhlmann* ist Astrophysiker und arbeitet am Institut für Raumsimulation der Deutschen Forschungsanstalt für Luft- und Raumfahrt (DLR) in Köln. Sein Hauptarbeitsgebiet ist die Planetenforschung, wobei er z.B. wesentlichen Anteil an den Experimenten für die Weltraummissionen *VEGA* und *Phobos* zum Kometen Halley bzw. zum Marsmond Phobos hatte.

Inhalt

Vorwort

Kometen sind ein aktueller Gegenstand der Astrophysik und der Weltraumforschung, ab und an finden sie auch das Interesse der breiten Öffentlichkeit, z. B. dann, wenn – wie im Jahre 1994 – die Trümmer eines zerfallenen Kometen auf den Jupiter stürzen; so wie dies auch in der Frühgeschichte der Erde der Fall war, als mit den Kometen ein großer Teil des für das spätere Leben so essentiellen Wassers und vielleicht auch präbiologische organische Substanzen auf die Erde gebracht wurden; oder auch dann, wenn sich ein für jedermann sichtbarer heller Komet spektakulär am Himmel zeigt, wie der „Große Komet" des Jahres 1996, der Komet *Hyakutake* im März 1996, und wie es uns im Frühjahr 1997 mit dem Kometen *Hale-Bopp* wohl wieder bevorsteht.

In gleicher Weise fesselnd sind die ab und an auftretenden Zerfälle von Kometen, wie zuletzt am Beispiel des Kometen *West* im Jahre 1976 gut beobachtbar, die in einem eigentümlichen Kontrast zu den ansonsten gewissermaßen „ewigen" Himmelskörpern stehen, und die ja auch, wie wir inzwischen wissen, z. B. zu den auf der Erde beobachtbaren und mitunter recht spektakulären Sternschnuppen und Meteoritenfällen führen können.

Auch die mit der Weltraumforschung möglich gewordenen direkten Untersuchungen an Kometen fesseln zumindest zeitweilig die wissenschaftlich-technisch interessierte Öffentlichkeit, so wie im Jahr 1986 anläßlich der Flüge zum Kometen *Halley*, und wohl auch wieder, wenn in den Jahren 1999 und 2003 zwei Missionen auf die Reise zu den kurzperiodischen Kometen *Wild 2* bzw. *Wirtanen* geschickt werden.

Die gegenwärtige intensive Erkundung der bisher nicht erfaßbaren äußeren Teile unseres Sonnensystems mit den Mitteln der Weltraumforschung führt ebenfalls wieder zu den Kometen als den einzigen natürlichen „Sonden" dieser noch unbekannten Regionen. Und da Kometen durchaus unser Sonnensystem verlassen können, muß auch damit gerechnet werden, daß Kometen zu „Wanderern zwischen den Sternen" werden und so auch ab und an einmal als Boten aus anderen Systemen in unser Sonnensystem kommen können. Darüber hinaus sind die Kometen auch „natürliche Laboratorien" für eine Vielzahl astro- und plasmaphysikalisch interessanter Prozesse in unserem Weltall.

Das so geweckte Interesse an Kometen wirft dann schnell die Frage auf, was denn diese merkwürdigen Himmelskörper eigentlich sind, welche Rolle sie im Weltall spielen, warum sich die Wissenschaft so ausgiebig mit ihnen als den vermutlich nur wenig veränderten Überbleibseln der Entstehung des Sonnensystems befaßt, und auch, ob sie uns auf der Erde gefährlich werden könnten; wird doch z.B. das Aussterben der Saurier u.a. auch den Folgen eines Kometeneinfalls auf die Erde zugeschrieben. Und war nicht „erst kürzlich" der *Tunguska*-Meteorit des Jahres 1908, der in der sibirischen Taiga große Verwüstungen hinterließ, ein kleiner Kometenkern, der mit der Erde zusammenstieß?

Dieses Buch ist so angelegt, daß es bis auf Plasmaaspekte nahezu alle die Kometen betreffenden Fakten, Prozesse und Erscheinungen anspricht. Dementsprechend führt es von den historischen Kometen, der Beobachtbarkeit von Kometen, ihrer Einordnung in das Sonnensystem und in das moderne wissenschaftliche Weltbild, der Darstellung ihrer physikalischen Eigenschaften bis hin zu den vielen noch offenen bzw. unbeantworteten Fragen ihrer Zusammensetzung, Aktivität, Struktur und Oberflächenbeschaffenheit und schließlich zu den daraus resultierenden Zielen der bevorstehenden Weltraummissionen zu Kometen.

I. Das Erscheinen von Kometen

Kometen fallen mit ihrem manchmal recht spektakulären Erscheinungsbild etwas aus dem Rahmen der gewöhnlichen Himmelserscheinungen. Man schätzt, daß es Billionen oder mehr Kometen gibt, die sich um die Sonne bewegen; nur relativ wenige sind uns bisher bekannt geworden, wenngleich jedes Jahr immer mehr dieser eigenartigen Körper entdeckt werden, die auch deswegen so interessant sind, weil sie Zeugen einer mit der Erde gemeinsamen Vergangenheit, der Frühtage der Entstehung unseres Planetensystems sind.

In den folgenden Abschnitten soll ein erstes Verständnis für die Erscheinungsformen und Eigenarten der Kometen im Vergleich mit anderen Himmelskörpern vermittelt werden. Dies gilt sowohl für die astronomischen Eigenschaften des Phänomens „Komet" als auch für die Praxis der astronomischen Erfassung der Kometen, wobei hier die neuen, erst seit 1995 geltenden Regelungen vorgestellt werden.

1. Kometen im antiken und mittelalterlichen Weltbild

Bereits in den frühen Hochkulturen der Menschheit hatte man erkannt, daß es offenbar zwei grundsätzlich verschiedene Gruppen von Himmelserscheinungen gibt. Da waren zum einen regelmäßig wiederkehrende und auch scheinbar „ewige" Phänomene, wie die Phasen des Mondes, der jährliche Sonnengang mit den regelmäßig erscheinenden und nahezu unveränderlichen Sternbildern, die sich langsam und regelmäßig bewegenden Planeten und auch die nach etwas komplizierteren Regeln wiederkehrenden Finsternisse von Sonne und Mond. Aber da waren auch die so regellos auftauchenden Kometen mit ihrem z.T. bizarren und keinem Formenideal entsprechenden Aussehen, oder auch die Meteore, also die Sternschnuppen, mit ihrer offenbaren Regellosigkeit.

Die regelmäßigen Phänomene vermittelten auch das Bild einer in „göttlichen Harmonien" geordneten Welt, das, sich quasi damit selbst bestätigend, dem Menschen durchaus auch zu praktischen Regularien verhalf, z. B. mit der Aufstellung die Zeit ordnender Kalender mit der Möglichkeit, jährlich wiederkehrende Überflutungen vorherzusagen, und das auch für die Navigation nützlich war. Das aus dem Griechischen stammende Wort „Kosmos" gibt gerade diesen Sachverhalt wieder, bedeutet es doch soviel wie „geordnete Welt", übrigens im Gegensatz zum „Chaos" als dem Zustand der Unordnung und Regellosigkeit. Die vermutete Existenz von hinter den Naturphänomenen wirkenden Ordnungen oder „Gesetzen" – oder von Göttern – war übrigens von ganz eminenter weltanschaulicher und philosophischer Bedeutung. Letztlich ist die Annahme des Wirkens nur weniger grundlegender universeller Ordnungsprinzipien auch heute noch die philosophische Grundlage unserer heutigen Naturwissenschaften, die unter diesem Aspekt unsere Welt erfolgreich erforschen. Dabei ist es in hohem Maße verwunderlich, daß unsere so komplizierte Welt in sehr vielen ihrer Eigenschaften und Phänomene auf das Wirken weniger und dazu mathematisch erstaunlich einfach formulierbarer Grundprinzipien zurückgeführt werden kann. Dies ist vielleicht das eigentliche Mysterium unserer Welt und der menschlichen Erkenntnisfähigkeit.

Was aber konnten dann im Weltbild der frühen Menschen die unregelmäßigen Himmelserscheinungen, wie z. B. die Kometen, darstellen? Mußten sie nicht etwas sein, das Unordnung, Regellosigkeit und Chaos, Störungen der „göttlichen" Weltordnung, und damit eben das „Prinzip des Bösen", oder das Teuflische manifestierte? Man kann verstehen, daß bis in die Zeit der Aufklärung hinein sehr helle Kometen mit ihrem oft imposanten Erscheinungsbild als göttliche Zuchtruten, „Bußezeichen" oder Ankündigungen strafender Seuchen oder Katastrophen interpretiert wurden.

Unklar war auch über Jahrhunderte die räumliche Zuordnung der Kometen. Aristoteles z. B. sah sie als warme und trockene Ausdünstungen der Atmosphäre an. Kometen gehörten in seinem Weltsystem kugelförmiger Schalen den „sublunaren" Sphären an, sie waren als atmosphärische Bestandteile der Erde näher als der Mond.

Die Entwicklung des naturwissenschaftlichen Verständnisses der Kometen ist eng verknüpft mit der sich vom 17. Jahrhundert an schnell entwickelnden astronomischen Meßtechnik. Ein erstes und herausragendes Ergebnis war hierbei die Bestimmung der Bahnen von Kometen. So sprach Borelli bereits 1664 die Vermutung aus, daß sich der Komet vom Dezember 1664 auf einer Parabel bewegen müsse. Tycho Brahe hatte vorher durch Winkelmessungen an einem hellen Kometen des Jahres 1577 nachweisen können, daß dieser Komet mit einer Entfernung von ca. 230 Erdradien, also dem Vierfachen des Abstandes Erde-Mond, den „translunaren Sphären" angehören muß. Eine Ironie der Geschichte ist freilich, daß Kepler, der die Ellipsenform der Planetenbahnen erkannte, vermutete, daß sich die Kometen auf Geraden bewegen müssen. Dies zeigt deutlich, daß Kometen und Planeten noch zu dieser Zeit als etwas völlig Verschiedenes und nicht irgendwie dem Sonnensystem Gemeinsames angesehen wurden.

Die erste Bahnbestimmung für einen Kometen gelang dann 1680/81 dem Pastor Dörfel aus Plauen, der die Bahn des „Großen Kometen" von 1680 durch Probieren und Intuition als Parabel identifizierte, wobei er zeigen konnte, daß dieser Komet und der von 1681 ein und derselbe waren, beobachtbar einmal vor und einmal nach dem Periheldurchgang, also der Passage des sonnennächsten Punktes seiner Bahn. Eine vollständige und physikalisch fundierte Bahnbestimmung wurde um dieselbe Zeit von Newton versucht, aber erst 1705 erfolgreich von Halley durchgeführt. Newton hatte aber immerhin schon 1687 in seinen „Principia" auf der Basis seiner Gravitationstheorie nachgewiesen, daß sich der bereits genannte Komet von 1680 auf einer stark exzentrischen Ellipse mit der Sonne im Brennpunkt bewegen muß, wobei er mit 0,0016 AE (*Astronomische Einheit*) bemerkenswert dicht an der Sonne vorbeigezogen sein muß. Später haben dann vor allem Olbers, Bessel und Gauss das Problem der Bahnbestimmung von Kometen aus den beobachteten Positionen am Himmel auf der Basis der von Newton entwickelten Mechanik und seiner Gravitationstheorie im Prinzip gelöst und für die Astronomie handhabbar gemacht.

Umgekehrt war die Bestätigung z. B. des von Sir Edmund Halley anhand von Bahnberechnungen vorhergesagten Wiedererscheinens von Kometen in der damaligen Zeit ein ganz wesentliches Argument für die Richtigkeit der noch neuen Newtonschen Theorien. Der *Halley*'sche Komet verdankt übrigens seinen Namen der Würdigung eben dieser Bestätigung der von Halley durchgeführten Bahnberechnungen mit der entsprechenden Vorhersage seiner Wiederkehr und der auch aus diesen Rechnungen resultierenden Identifikation mit schon des öfteren in der Geschichte gesehenen Kometen.

Mit der im Rahmen der Newtonschen Gesetze gefundenen Beschreibbarkeit waren die Kometen, zumindest die auf elliptischen Bahnen, in das Sonnensystem „eingeordnet". Merkwürdig und für die Forschung eine bleibende Herausforderung waren freilich noch für lange Zeit kometare Eigenschaften wie die weit aus den bekannten Teilen des Planetensystems herausführenden Bahnen, die nahezu isotrope Bahnverteilung (Kometen scheinen aus allen Richtungen gleichmäßig zu kommen), die chemische Zusammensetzung sowie ihre eigentliche Herkunft. In allen diesen Eigenschaften weichen Kometen bemerkenswert stark von denen der bekannten Planeten und auch der später entdeckten Planetoiden oder Asteroiden ab.

Zum Abschluß dieses Abschnitts sei noch kurz bemerkt, daß der physikalische Basisprozeß bei Kometen auf den Folgen ihrer Erwärmung bei Annäherung an die Sonne beruht. Diese Temperaturerhöhung führt zu einer Freisetzung von vorher zu Eis gefrorenen Gasen, wie z. B. auch von Wasserdampf aus dem Wassereis, einem der Hauptbestandteile der Kometen. Dieser Übergang aus dem Eis (feste Phase) in die Gasform wird in der Physik als *Sublimation* bezeichnet. Die freigesetzten Gase strömen nun je nach Temperatur mit Geschwindigkeiten von mehreren hundert Metern pro Sekunde von dem Kometenkern weg in den freien Weltraum, wobei sie noch die offenbar in Kometenkernen vorhandenen Staubpartikel mitreißen und so eine dynamische Umgebung aus Gas und Staub, die sog. *Koma*, und letztlich auch die Kometen-schweife erzeugen. Diese Staubpartikel sind übrigens von besonderem wissenschaftlichen Interesse, da sie möglicherweise direkt aus den interstellaren „Körnern" resultieren, aus welchen zusammen mit Gasen und Eisen verschiedener Substanzen das Sonnensystem entstand.

Es ist diese mit Gas und Staub gefüllte, expandierende groß-räumige Umgebung des Kometen, die zu dem oft imposanten und manchmal auch sehr dynamischen Erscheinungsbild der Kometen beiträgt, da das Sonnenlicht an diesem ausgedehnten und veränderlichen Gebilde, insbesondere am Staub, reflektiert wird, und dieses so sichtbar wird. Wobei zu beachten ist, daß sich diese Strukturen durchaus über Entfernungen von mehr als einer astronomischen Einheit (AE) – also der mittleren Entfernung zwischen Erde und Sonne – ausdehnen können.

2. Das Erscheinungsbild der Kometen

Das Erscheinungsbild eines Kometen in Sonnennähe ist gekennzeichnet durch den sternartigen hellen Kern (das Abbild der hellen und oberflächennahen Gas- und Staubumgebung des wirklichen festen Kerns), eine diesen Kern wie ein verwaschener Gasschleier umgebende Atmosphäre, die sog. Koma (auch Kometenkopf genannt), und einen oder mehrere z. T. deutlich strukturierte Schweife, die sich, bis auf den sog. „Gegenschweif", stets in den von der Sonne weggerichteten Teil des Weltraums „hinter" dem Kometen ausdehnen. Dieses Erscheinungsbild eines strukturierten und langgezogenen Schweifes hat übrigens auch zum Wort „Komet" geführt. „Kometes" (griech. Κομητης) bedeutet „der Haarige".

Die Helligkeit „großer" Kometen kann so groß sein, daß sie auch am Tage sichtbar sind. Am Nachthimmel können sie bei einer solchen Helligkeit als besonders auffällig strahlendes Objekt dann eine imposante Erscheinung bieten. Wegen der Länge mancher Schweife, die, wie bei dem „Großen Kometen" 1843 I, mit über 250 Millionen Kilometern die Entfernung Sonne-Mars übersteigen und damit auch große Teile des

Nachthimmels überspannen können, bieten solch „große" Kometen ein wirklich beeindruckendes Erscheinungsbild am Himmel. Im vorigen Jahrhundert gab es einige derartig auffällige Erscheinungen von Kometen. Leider hat sich dies in unserem Jahrhundert bisher nicht fortgesetzt, möglicherweise bringt aber die zweite Hälfte der neunziger Jahre hierfür doch noch eine gewisse Entschädigung, wie bereits mit dem Kometen *Hyakutake* im März 1996 und hoffentlich auch mit dem Kometen *Hale-Bopp* im Frühjahr 1997.

Kometen sind natürlich schon den Menschen, die in der geschichtlichen Frühzeit den nächtlichen Sternhimmel beobachteten, bekannt gewesen. Ihr oft imposantes Erscheinungsbild dürfte bei ihnen starke Eindrücke hinterlassen haben. Erste Überlieferungen von Kometenbeobachtungen in den alten Hochkulturen sind aus dem Jahre 1095 v. u. Z. aus China bekannt. Auch das Erscheinen des *Halley*'schen Kometen im Jahre 240 v. u. Z. wird von chinesischen Quellen überliefert. Die Anzahl derartiger Berichte über diese merkwürdigen Himmelserscheinungen aus China, dem Fernen Osten und dem Mittelmeerraum nimmt seit dem vierten Jahrhundert v. u. Z. ständig zu.

Auch aus dem europäischen Mittelalter liegen z. T. in Bildform Darstellungen von bemerkenswerten Kometenerscheinungen und der von ihnen verursachten Unruhe oder Aufregung der Menschen vor. Der *Halley*'sche Komet gehört zu den zumindest in den letzten zweitausend Jahren besonders auffälligen Kometen. Seine Wiederkehr im Jahre 1066 ist beispielsweise auf dem berühmten Wandteppich von Bayeux dargestellt, der an den Einfall der Normannen in England erinnert, und die Wiederkehr im Jahre 1301 hatte den Florentiner Maler Giotto di Bondone dazu inspiriert, in einem in den Jahren 1303 und 1304 gemalten Bild den Stern von Bethlehem bemerkenswert realistisch als einen feurigen Kometen darzustellen. Die von der europäischen Raumfahrtorganisation ESA anläßlich seines Erscheinens im Jahre 1986 durchgeführte „Giotto"-Kometenmission trug dann übrigens den Namen dieses Künstlers.

Die zunehmend systematischeren Beobachtungen und die mit der Einführung des Fernrohres sprunghaft verbesserte astronomische Beobachtungstechnik haben dann in Europa vom 17. Jahrhundert an zu einem starken Anstieg der Kometenentdeckungen geführt, die im 19. Jahrhundert durch den Einsatz der Fotografie mit der damit möglichen Verbesserung der Darstellungsempfindlichkeit weiteren Aufschwung erhielten. Der erste mit einem Fernrohr gefundene Komet war übrigens der von Kirch entdeckte Komet von 1680. Die ersten systematischen Kometenentdeckungen sind ab 1760 bis ungefähr 1840 mit nur wenigen Namen verbunden. Vor allem die Franzosen Messier, Mechain, Gambart und Pons sind hier zu nennen. Pons war beispielsweise Entdecker oder Mitentdecker von 36 der zwischen 1800 und 1839 entdeckten Kometen. Seither ist die Zahl der Kometenentdecker stark angestiegen, insbesondere durch die zunehmende Beteiligung amerikanischer Astronomen, wie Swift, Barnard und Brooks, und neuerdings auch verstärkt japanischer Astronomen. Hinzu kommen zunehmend die Entdeckungen der auf Kometenjagd spezialisierten Amateurastronomen aus vielen Ländern, die hier ein Betätigungsfeld von durchaus aktueller wissenschaftlicher Bedeutung finden.

Neben den mittels aufwendiger Techniken gelingenden Entdeckungen neuer Kometen spielt übrigens das visuelle Auffinden auch heute noch eine nicht zu vernachlässigende Rolle, insbesondere bei Objekten, die erst in der Nähe der Sonne erkennbar werden, wobei oft zuerst die von der Sonne wegweisenden Enden der Schweife vor dem hellen Hintergrund sichtbar werden. Viele derartige Entdeckungen erfolgten in der letzten Zeit durch japanische Amateurastronomen. Genauere Angaben über Suchtechniken und zugehörige instrumentelle Ausrüstungen, insbesondere für Amateure, können bei Bortle (1981) und Kresak (1982) gefunden werden.

Die erste fotografische Aufnahme eines Kometen ist umstritten. Sie soll von dem Kometen *Donati* (1858 VI) gemacht worden sein, der eine imposante fächerartige Struktur der Koma aufwies. Die erste fotografische Kometenentdeckung war die des Kometen P/*Barnard 3* im Jahre 1892.

Erwähnt werden muß an dieser Stelle auch der weitere Sprung im Verständnis von Kometeneigenschaften, wie er durch die von Bunsen und Kirchhoff begründete Spektroskopie in ihrer astrophysikalischen Anwendung erfolgte, durch die man erste verläßliche Informationen über Elemente und Verbindungen in der Umgebung von Kometen erhielt. In den siebziger Jahren dieses Jahrhunderts gelang dann mit Mitteln der hochauflösenden Spektroskopie der sehr wesentliche Nachweis der Richtigkeit der in vielen Modellen verwendeten Annahme, daß zumindest in den aktiven kometaren Gebieten das Wassereis den Hauptanteil der volatilen, d.h. der bei Erwärmung leichtflüchtigen, Verbindungen darstellt.

Der „astronomische" Kern

Die punktartige helle „Kondensation" in der Koma eines Kometen wird von astronomischen Beobachtern auch als „Kern" beschrieben. Dieser „astronomische Kern" ist, um Mißverständnissen vorzubeugen, nicht der physische Kometenkern, sondern das Abbild einer den wirklichen Kometenkern umgebenden Wolke aus Staubpartikeln, die bei beginnender Sublimation volatiler Gase vom herausströmenden Gas von der Oberfläche gerissen werden. Die dann mit astronomischen Methoden nachweisbaren mikrometergroßen Staubpartikel, die möglicherweise sogar einen interstellaren Ursprung haben, sind somit offenbar neben den gefrorenen Volatilen, also hauptsächlich dem Wassereis, ein ganz wesentlicher Bestandteil von Kometen. Zusätzlich zu diesen kleinen Staubpartikeln treten aber auch größere Teilchen auf, die möglicherweise erst eine Folge von Koagulations- und Zerfallsprozessen an und in der erwärmten kometaren Oberfläche sind. Das reflektierte Licht dieser Staubwolke, die mit bis zu mehreren hundert oder tausend Kilometern Durchmesser weitaus größer als der eigentliche Kern und damit auch viel heller ist, führt bei großer Entfernung zu der Beobachtung eines hellen Punktes, eben des astronomischen Kerns. Der in dieser Staubhülle verborgene eigentliche, recht dunkle Kometenkern ist wegen der hellen

Staubumgebung und wegen seiner geringen Größe bildhaft auflösenden astronomischen Beobachtungen bisher nie direkt zugänglich geworden. Erste Strukturen auflösende Bilder von einem Kometenkern wurden durch die *VEGA*-2-Sonde und dann durch die *Giotto*-Sonde im März 1986 vom Kometen *Halley* übermittelt.

Die Koma

Die Koma ist die diffus leuchtende Gas- und Staubhülle, die den Kometenkern umgibt. Sie kann oft recht große Ausdehnungen haben, beim Kometen von 1811 übertraf ihr Durchmesser sogar den der Sonne von über einer Million Kilometern. Typisch sind Abmessungen von einigen hunderttausend Kilometern. Die Koma ist physikalisch von besonderem Interesse, da durch ihre Beobachtung mittels der Spektrometrie die Existenz vieler in ihr vorhandener Atome und Moleküle nachgewiesen werden kann. Auf diesem Wege gelangen mit astronomischen Methoden die ersten Aufschlüsse über die Zusammensetzung der Kometen bzw. der sie verlassenden Gase.

Die Koma ist nahezu kugelförmig, was daher rührt, daß die den Kometen durchaus in einer gerichteten Strömung auf der Tagesseite verlassenden Gasmoleküle infolge ihrer häufigen gegenseitigen Stöße sehr bald in alle Richtungen gestreut und so in der kernnahen Koma „isotropisiert" werden, so daß der Gasstrom sich in alle Richtungen ausbreitet. In der Koma werden die Gase durch die kurzwellige elektromagnetische Sonnenstrahlung teilweise ionisiert und nehmen mithin Plasmaeigenschaften an, wobei dann insbesondere das mit dem Sonnenwind heranströmende Magnetfeld mit der Koma wechselwirkt und zu einer Reihe bemerkenswerter plasmaphysikalisch zu erklärender Effekte Anlaß gibt. Die Wechselwirkung des Koma-Plasmas mit dem Sonnenwind führt auch dazu, daß ein Teil dieses Koma-Plasmas vom Sonnenwind in seiner Strömungsrichtung mitgenommen wird und so den „Plasma-Schweif" (auch *Ionen-Schweif* genannt) des Kometen formt, der folglich nicht exakt radial von der Sonne weg, sondern in Richtung der lokalen Sonnenwind-Geschwindigkeit ausrichtet ist („Aberration" der Plasmaschweife).

Durch die Koma hindurch strömen auch die vom expandierenden Gas in Oberflächennähe beschleunigten kleinen Staubteilchen mit Partikelradien im Mikrometerbereich (und größer), die unter dem Einfluß des Lichtdrucks und der Gravitation der Sonne den von der Sonne stets wegweisenden und leicht gekrümmten „Staubschweif" des Kometen bilden. Da unterschiedlich große Partikel einen verschieden starken Lichtdruck spüren, kann dieser Staubschweif durchaus verbreitert sein und innere Strukturen aufweisen. Übrigens können sich Teilchen mit volatilen (also schon bei relativ geringen Temperaturen „leichtflüchtigen") Einschlüssen, welche die Oberfläche mit dem Gasstrom verlassen, insbesondere unter dem Einfluß des Sonnenlichtes in der Koma weiter auflösen (zerfallen) und damit einen wesentlichen zusätzlichen Gaseintrag in die Koma bringen.

Mit der Spektralanalyse der Gase in der Koma wurde es übrigens möglich, der chemischen Zusammensetzung der Kometen zumindest ein wenig auf die Spur zu kommen. Von Wurm und Swings wurde 1943 gezeigt, daß die beobachteten kometaren Radikale und Ionen nicht stabil sein können, und daß sie über photochemische Prozesse aus stabileren Molekülen, den sog. *Muttermolekülen*, resultieren müssen. So wurde aus der beobachteten Existenz von CO^+, CN, CH, CO_2^+, N_2^+, und NH geschlußfolgert, daß CO, C_2N_2, CH_4, CO_2, N_2 und NH_3 als Gase aus Kometenkernen entweichen. In den 70er Jahren konnte dann zweifelsfrei die bereits in vielen Kometenmodellen verwendete Annahme bestätigt werden, daß Wasserdampf den Hauptteil der ausströmenden Gase darstellt.

Die Kometenschweife

Kometenschweife zeigen zwei grundsätzlich unterschiedliche Strukturen. Es ist dies zum einen der bereits erwähnte Plasmaschweif, der aus Plasma, also den ionisierten Teilen der Koma besteht, die infolge der Wechselwirkung mit dem vorbeiströmenden Sonnenwind von diesem mitgenommen werden und quasi wie eine Rauchfahne im Wind sich in Sonnenwindrichtung hinter der Koma ansammeln. Es war übrigens Ludwig Biermann, der anhand der Beobachtungen von Cuno Hoffmeister auf die Existenz eines Plasmastromes von der Sonne, also des erst später mit Raumsonden direkt gemessenen Sonnenwindes, schloß. Diese Plasmaschweife sind manchmal als „Sonden" zur Zustandserfassung des Sonnenwindes in nicht von Satelliten oder Raumsonden durchflogenen Gebieten nutzbar, geben sie doch Auskunft über die Richtung des Sonnenwindes, z. B. auch außerhalb der Ekliptik (die Ekliptik ist der größte Kreis, in dem die Ebene der Erdbahn um die Sonne die als unendlich groß gedachte Himmelskugel schneidet) und auch über Veränderungen z. B. in der Magnetfeldstruktur des Sonnenwindes.

Zum anderen ist es der bereits erwähnte „Staubschweif", der, wie der Name schon sagt, aus Staubteilchen mit Durchmessern im Mikrometerbereich besteht und der mit seiner Ausdehnung und seinen Strukturen den zumeist beeindruckendsten Teil eines Kometen ausmacht. Das an den Teilchen im Staubschweif reflektierte Sonnenlicht macht diese ausgedehnte Partikelansammlung sichtbar. Diese kleinen Teilchen stammen aus dem Kometenkern, von dem sie sich, durch das herausströmende Gas mitgerissen, entfernen können. Sie bewegen sich dann im wesentlichen unter dem Einfluß der Schwerkraft der Sonne und des solaren Lichtdruckes. Da letzterer auch von der Größe und Oberfläche dieser Teilchen abhängt, und diese Werte in einem breiten Bereich variieren können, ist der Staubschweif zumeist auch ein recht breitgefächertes und ausgedehntes Gebilde; er kann überdies noch dadurch strukturiert worden sein, daß es zu einem bestimmten Zeitpunkt eine besonders starke Staubemission gab, oder auch dadurch, daß einzelne Gruppen von Partikelgrößen, die ja jeweils gleiche Bahnen haben, in ihrer Häufigkeit dominieren.

Helligkeitsausbrüche (engl. *bursts* oder auch *outbursts*) sind ein bei Kometen häufiges und recht komplexes Phänomen. Sie zeigen sich als zeitweise stark angestiegene kometare Aktivität, z.B. in der verstärkten Emission von Wasserdampf oder auch einzelner anderer volatiler Verbindungen, wie OH oder CS. Mit dem Gasausbruch ist eine verstärkte Freisetzung von Staub verbunden, die zu einer dichten und expandierenden Staubwolke um den Kern führt und die wegen ihrer Reflexion des Sonnenlichtes Ursache der wachsenden scheinbaren Größe und Helligkeit des Kometen ist. Im äußeren Erscheinungsbild kann sich die Koma so aufhellen, daß es scheint, als läge in der Tat ein wesentlich größerer Komet vor. Wie Nikolaus Richter gezeigt hat, kann die relativ große Zahl durch nachfolgende Beobachtungen nicht bestätigter Kometenentdeckungen möglicherweise mit diesem zeitweiligen Aufhellungseffekt zusammenhängen. Die spätere Suche nach diesen während ihrer Entdeckung kurzfristig helleren Objekten hat dann den wieder wesentlich lichtschwächer gewordenen Kometen nicht wiederfinden können.

Es können aber neben bzw. anstelle einer allgemeinen Aufhellung auch einzelne fokussierte Ausströmungen, die sog. *Jets*, sichtbar werden (Abb. 1 und 6). Die Struktur dieser Jets hängt neben den Charakteristika des jeweiligen Ausbruchs auch von der Rotation des Kerns ab. Es ist leicht verständlich, daß Jets aus schnell rotierenden Kernen deutlich stärker spiralartig gebogen sind als solche an nur langsam rotierenden Kernen, so daß mit der Untersuchung der Jetform auch Aussagen zur Rotation von Kometenkernen möglich werden.

Als ein Hinweis auf häufige Aktivitätsausbrüche auch in größeren Entfernungen kann nämlich z.B. auch das Verhalten des Kometen *Schwassmann-Wachmann 1* angesehen werden. Dieser Komet, der sich auf einer nahezu kreisförmigen Bahn bei 6 AE leicht außerhalb des Jupiter bewegt, ist bekannt für seine häufigen Helligkeitsausbrüche um einen Faktor hundert oder mehr. Dabei erfolgt der enorme Helligkeitsanstieg während weniger Stunden, der Abfall zur normalen Aktivität dauert dagegen wesentlich länger, bis hin zu Wochen oder Monaten. Dem Beobachter stellt sich dies dar, als ob anfangs der sternartige Kern stark expandiert. Später wird der Komet dann diffus, zeigt einige Strukturen und scheint sich langsam aufzulösen. Die gemessenen Expansionsgeschwindigkeiten der Koma liegen im Bereich von 100–200 m/s. Aus spektralen Untersuchungen konnte darüber hinaus gezeigt werden, daß die Partikel dieser expandierenden Staub-Koma im Größenbereich 0,1–1µm liegen.

Als mögliche Ursachen für diese Ausbrüche werden gegenwärtig noch sehr unterschiedliche Prozesse diskutiert, freilich ohne hierzu schon zu einem abschließenden Urteil gekommen zu sein. Richter nahm eine Korrelation zwischen der Sonnenaktivität und dem Auftreten von Bursts an. Dieser Ansatz konnte jedoch nicht bestätigt werden. Die Energie dieser Veränderungen im Sonnenwind ist zu gering, um hier ausreichend wirksam zu sein, und auch die z.B. infolge verstärkter Sonnenaktivität auftretenden höheren Strahlungsflüsse in einzelnen Spektralbereichen, z.B. im Ultravioletten, reichen als Auslösemechanismus für Bursts offenbar nicht aus.

Ein anderer Erklärungsversuch von Whitney geht von einzelnen Volumina mit stark angereichertem Anteil volatiler Verbindungen im Kometenkern aus, beispielsweise einer eingelagerten „Blase" aus CO_2-Eis. Wenn die bei ausreichender Sonnennähe in den Kern eindringende Wärme diese Gebiete erstmals erreicht, kann dies zu einem plötzlichen und explosionsartigen Gasausbruch dieser leichtflüchtigen Verbindungen kommen und damit zu einem „burst-artigen" Phänomen. Walter Huebner sieht übrigens diesen Prozeß als generelle Ursache der Jet-Aktivität an.

In ähnlicher Weise wurden auch exotherme chemische Prozesse und auch Phasenumwandlungen als mögliche Ursachen in die Betrachtungen einbezogen. Eine prominente aber noch sehr in der kritischen Diskussion befindliche Rolle spielen bei derartigen Ansätzen Modelle, die von einem Phasenübergang von amorphem Wassereis in eine kristalline Phase ausgehen.

Auch Zusammenstöße mit interplanetaren Meteoriden sind mit in diese Überlegungen als Auslösemechanismen für Bursts einbezogen worden. Eine andere Variante dieses Kollisionsansatzes wurde von Fred Whipple zur Erklärung der starken Ausbrüche (um einen Faktor 1000 in der Helligkeit) des Kometen *Holmes* in den Jahren 1892–1893 in die Diskussion eingebracht, nämlich der letztendliche Zusammenstoß des Kerns mit einem kleinen Begleiter, der so eine Fläche frischen Materials freilegen und damit die verstärkte Aktivität auslösen kann. In einem Umkehrschluß kann übrigens auch davon ausgegangen werden, daß Ausbrüche mit dem Abtrennen einzelner, auch größerer Brocken oder Teile des Kometen einhergehen können. Denkbar ist auch ein diese Auflösungen fördernder Einfluß von Fliehkräften infolge der Kometenrotation.

Eine interessante und optisch oft recht ansprechende Erscheinung der kometaren Aktivität sind die bereits erwähnten Jets oder „Strahlströme", also sehr fokussiert oder gerichtet ausströmende Gas-Staub-Gemische (Abb. 1 und 6). Hierbei ist das lokal ausströmende Gas das primäre Phänomen, eine Folge der aufwärmungsbedingten Sublimation der Eise entsprechend leichtflüchtiger (volatiler) Verbindungen wie Wasser oder auch CN oder CS. Die mit einer von der Temperatur abhängigen Geschwindigkeit ausströmenden Gase reißen kleine Staubpartikel mit, deren Größe zumeist im μm-Bereich liegt. Diese Staubpartikel sorgen, wie bereits erwähnt, mit dem an ihnen reflektierten Sonnenlicht dann für die Sichtbarkeit dieser Ausströmung.

Die wirkliche Ursache für die eng begrenzte Strahlbildung ist gegenwärtig noch nicht geklärt. Naheliegend ist die Annahme, daß diese Bündelung die Folge des Ausströmens aus einer den Strahl fokussiernden Öffnung ist. Solche Öffnungen, z. B. in der Form von Spalten oder Löchern, sollten in porösen Körpern auch gut möglich sein. Ein Problem ist jedoch, zu verstehen, wie die Wärme in die tieferen Teile solcher Öffnungen gelangen kann, da ja dort die aufwärmungsbedingte Sublimation erst zu der Freisetzung der Gase führen muß, ehe sich überhaupt ein Jet bilden kann.

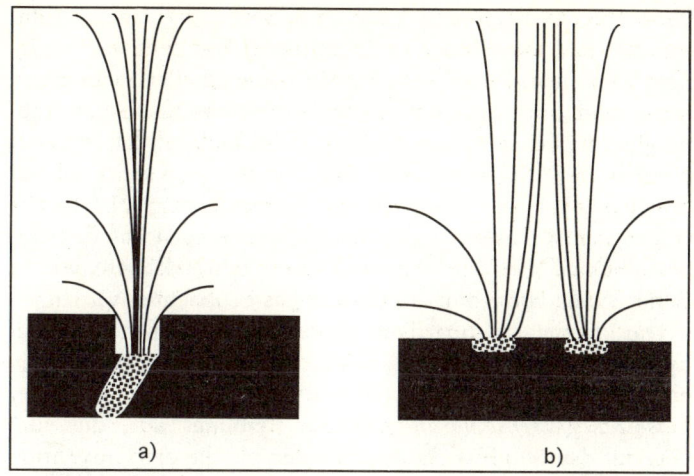

Abb. 1: Jet-Bildung bei einer fokussierenden Quelle (a) bzw. bei zwei Quellen (b)

Eine alternative Erklärung für die Jet-Strukturen resultiert aus aero- bzw. hydrodynamischen Modellen für den Gasausstrom von der Oberfläche in die kometennahe Umgebung.

Dabei ist zu berücksichtigen, daß über Entfernungen, die groß gegen die freie Weglänge der Gasmoleküle sind, ein Impulsaustausch der miteinander stoßenden bzw. wechselwirkenden Moleküle erfolgt, die Moleküle infolge der häufigen Stöße praktisch in alle Richtungen fliegen, und die Expansion somit in den gesamten Raum hinein erfolgt. Diese Isotropisierung ist übrigens die Ursache dafür, daß die Koma von Kometen zumindest ungefähr kugelförmig ist und sich z. B. nicht nur vor der ausgasenden Tagesseite ausdehnt. Nimmt man nun beispielsweise zwei benachbarte ausströmende Gebiete an, so führt die Expansion in den Raum hinein zu sich gegenseitig wegdrückenden Kräften im Grenzgebiet zwischen den Ausströmungen und damit zu einer Verstärkung in dem Gebiet, in welchem die beiden Strömungen zusammentreffen, ohne sich zu durchdringen (Abb. 1). Damit entwickelt sich ein eng begrenztes Gebiet erhöhter Dichte, das optisch zu dem beobachteten Jet führen kann. Neigungen und auch Krümmungen und Variationen in der Struktur sind dann auch möglich, wenn man berücksichtigt, daß beide Quellen nicht gleich stark sind und vielleicht sogar eine unterschiedlich zeitabhängige Aktivität aufweisen. Allgemein kann also festgestellt werden, daß die Anordnung bzw. Verteilung kleiner lokaler Quellen in aktiven Gebieten der Kometenoberfläche bereits wegen der Wechselwirkung der Ausströmungen aus den einzelnen Quellen zu optischen Strukturen führen könnte, wie sie in der Koma von Kometen mit den Jets beobachtet werden.

Die kleinen Staubpartikel werden durch Stöße der Moleküle der ausströmenden Gase beschleunigt; man spricht von einer Reibung zwischen Staub und Gas, oder auch von einer *Gas-Staub-Wechselwirkung.* Diese Reibungskraft, die vom Gas auf den Staub wirkt, kann, wenn sie die der Gravitation des Kometenkerns übersteigt, dazu führen, daß der Staub den Kometenkern verläßt und sich dann in der Koma bewegt und schließlich den Staubschweif formt. Diese Staubanreicherung in der Koma führt, insbesondere bei Bursts, zu dem Bild eines scheinbar recht großen Kometen, da es nun nicht mehr der kleine Kern ist, der das Sonnenlicht reflektiert, sondern die wesentlich größere Staubumgebung des Kerns. Dieser scheinbar vergrößernde Effekt hat dazu geführt, daß man bis in unser Jahrhundert hinein irrtümlich annahm, daß Kometenkerne Körper mit Radien von hundert Kilometern und mehr sind.

Es ist bereits klar, daß dieser Prozeß einer starken reibungsbedingten Staubbeschleunigung nur bei relativ kleinen Partikeln wirksam sein kann, da bei größeren Körpern die Schwerkraft des Kometenkerns so groß sein wird, daß die Reibungskraft nicht mehr effektiv wirksam sein kann. Je nach Masse des Kometen liegt diese Grenze für den Teilchenradius zwischen einigen Zentimetern und ungefähr einem Meter. Das bedeutet, daß Teilchen mit Radien, die größer sind als dieser kritische Radius, den Kometen nicht verlassen können. Diejenigen Teilchen aber, die nur ein wenig kleiner sind als dieser kritische Radius, können noch ein wenig beschleunigt werden. Sie werden sich z.B. auf ballistischen Bahnen in der

Umgebung eines aktiven Gebietes bewegen. Denkbar ist auch, daß sie auf zumindest zeitweilig stabile Bahnen um den Kometenkern gebracht werden und so zumindest zu temporären natürlichen Satelliten eines Kometenkerns werden können.

Daß diese physikalisch begründeten Überlegungen für die Umgebung von Kometenkernen durchaus relevant sein können, zeigen Radarbeobachtungen von Harmon und Campbell, mit denen die Existenz einer Teilchenwolke um Kometen direkt belegt wurde, wobei es sich um relativ große Teilchen im Zentimeterbereich und nicht um den feinen Staub handelt.

Die lokale Aktivität von Kometen

Der physikalische Grundprozeß der kometaren Aktivität ist, wie bereits kurz erwähnt, die Sublimation verschiedenster Eise leichtflüchtiger Verbindungen als Folge der Erwärmung bei Annäherung an die Sonne. Diese Gase verlassen mit dem von ihrer Strömung mitgenommenen Staub die Oberfläche des Kometen und führen so zu dem bekannten Erscheinungsbild der Kometen. In den Kometenmodellen, die vor den Vorbeiflügen der VEGA- und Giotto-Sonden am Kometen *Halley* entwickelt wurden, ging man z.B. im Rahmen des Ansatzes von Whipple davon aus, daß diese Sublimation mehr oder weniger gleichmäßig auf der ausreichend erwärmten Tagesseite des Kometen stattfindet, so daß mindestens von der gesamten Tagesseite ein Gas- und Staubabfluß erfolgt.

Es ist eines der Schlüsselergebnisse der bereits genannten Weltraumerkundungsexperimente am Kometen *Halley*, daß erkannt wurde, daß die Ausgasung als Ursache der kometaren Aktivität nur an einigen eng begrenzten Stellen der Oberfläche, den nunmehr so genannten „aktiven Gebieten", erfolgt. Dies ergibt sich sowohl aus den optischen Abbildungen des Kerns des *Halley*'schen Kometen (Abb. 2), der deutlich eng begrenzte und fast punktartige helle „aktive Gebiete" zeigt, als auch aus der ungefähren Übereinstimmung beim Vergleich der gemessenen Gasflüsse mit den bei bekannter Sublimationsrate und Größe der aktiven Gebiete berechenbaren Gas-

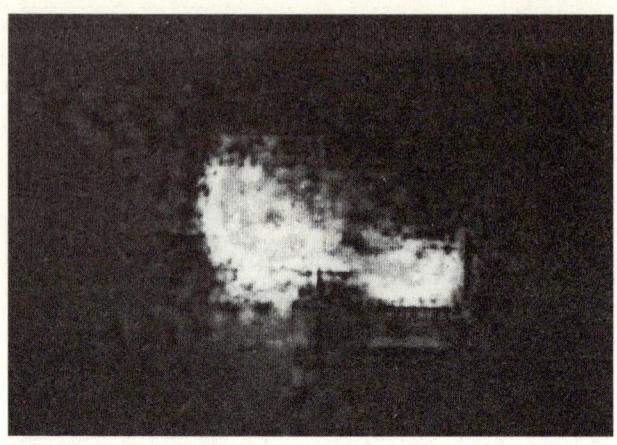

Abb. 2: Prozessiertes Bild des Kerns des Kometen *Halley* (aufgenommen von der Sonde VEGA-2). Die hellen Punkte und Strukturen sind die Orte verstärkter Ausgasungsaktivität.

flüssen aus diesen „aktiven Quellen". Kometare Aktivität ist also zumindest beim Kometen P/*Halley* ein lokales Phänomen. Der größte Teil der Oberfläche dieses Kometen ist offenbar von einer bemerkenswert dunklen und zumindest zeitweilig stabilen Schicht bedeckt, durch die praktisch keine oder nur eine relativ geringe Ausgasung stattfindet, z.B. weil keine ausreichenden Mengen volatiler Verbindungen (mehr) vorhanden sind, oder stattfinden kann, z.B. weil diese Oberflächenschicht kein oder nur sehr wenig Gas durchläßt. Dieses Ergebnis hat natürlich das Interesse bei der Modellierung von Kometenkernen verstärkt auf die Beschreibung der Eigenschaften von Kometenoberflächen gelenkt, da diese offenbar eine entscheidende Rolle beim Phänomen „Komet" spielen. Hinzu kommt, daß die Untersuchung solcher Oberflächeneigenschaften teilweise recht günstig bereits über Laborexperimente auf der Erde erfolgen kann. Daß die lokale Aktivität keine spezielle Eigenschaft des Kometen P/*Halley,* sondern ein generelles kometares Phänomen ist, kann aus der Tabelle 1 ersehen werden.

Komet	Aktiver Oberflächenanteil [%]	Komet	Aktiver Oberflächenanteil [%]
P/Kopff	30	Giacobini-Zinner	24
Sugano-Saigusa-Fujikawa (1983 V)	>>20	P/Halley	10
P/Crommelin	9	P/Encke	10
P/Schwassmann-Wachmann 3	6?	P/Pons-Winnecke	3–7
P/Tempel 2	0,15–5	IRAS-Araki-Alcock (1983 VII)	0,2–1
P/Machholz	1–6	P/Swift-Tuttle	≤1
P/Tempel 1	≤1	P/Arend-Rigaux	<<1
P/Grigg-Skjellerup	0,8	P/Neujmin 1	0,1–0,3

Tab.1: Anteil der aktiven Oberfläche an der Gesamtoberfläche in Prozent (nach Sekanina)

Zur Abschätzung der in Tabelle 1 angegeben Werte des relativen Anteils der aktiven Gebiete an der Gesamtoberfläche wurde von einer dominierenden Wassereis-Sublimation als Ursache der Ausgasung ausgegangen, deren temperaturabhängige Effektivität (Anzahl ausgasender Moleküle pro Flächeneinheit und Zeit) berechnet werden kann. Aus dem mit Beobachtungsdaten berechneten bzw. abgeschätzten realen Gasfluß aus dem Kometenkern kann dann auf die wirklich aktive, also sublimierende Fläche geschlossen werden.

Dabei ist gegenwärtig noch unklar, ob die Sublimation als „freie Sublimation" direkt an der Oberfläche erfolgt, ob also an der Oberfläche eines aktiven Gebietes Eise offen zutage treten, oder ob die sublimierenden Gebiete unterhalb der Oberfläche in tieferen Schichten liegen, die bereits z. T. ausgegast sind, und die erst nach einer gewissen Eindringzeit infolge der Wärmeleitung von der eindringenden thermischen Energie erreicht werden. Im letztgenannten Falle müßte das Gas dann durch die überliegenden porösen oder rissigen Schichten diffundieren. Möglicherweise erzwingt der sich mit der Sublimation aufbauende Gasdruck, verstärkt durch sich aufbauende thermische Spannungen, das Entstehen von Rissen und so die Voraussetzungen für den Gasausfluß zumindest an einigen Stellen (Erosion aktiver Oberflächen).

Wasser – der Hauptbestandteil

Mit den Methoden der hochauflösenden Spektroskopie gelang es 1958, die Spektrallinien kometarer Moleküle und Atome von denen der irdischen Atmosphäre zu trennen. Beispielsweise wurde so die Existenz des C^{13}-Isotops in Kometen nachgewiesen. Von Biermann und Trefftz konnte gezeigt werden, daß diese neuen Beobachtungen mit der Annahme der Photodissoziation der Muttermoleküle als Anregungsmechanismus auf eine große Produktionsrate von Sauerstoff und Wasserstoff von aktiven Kometen hinwiesen, die bei 10^{30} Molekülen pro Sekunde (also bei mehreren Tonnen pro Sekunde) liegen mußte. Bestätigt wurde dies mit den Messungen der Satelliten OAO-2 (Orbiting Astronomical Observatory-2) und OGO-5 (Orbiting Geophysical Observatory-5), die große Lyman-α Halos neutralen Wasserstoffs um die Kometen *Tago-Sato-Kosaka* (1969 IX) und *Bennett* (1970 II) mit Ausdehnungen über 1,5 10^7 km nachwiesen. Woher aber kamen diese Mengen an Wasserstoff und Sauerstoff?

In den siebziger Jahren gelang es dann durch Arbeiten von Bertaux , Blamont, Festou und Keller zu zeigen, daß Wasserdampf die gesuchte Quelle darstellen mußte. Bestätigt wurde dies dann direkt durch Messungen des Satelliten *Copernicus* und am *Halley*'schen Kometen im Jahre 1986. Zusätzliche Nachweise gelangen ab Mitte der siebziger Jahre mit radioastronomischen Methoden.

Damit war klar geworden, daß die Sublimation von Wassereis die Hauptursache der kometaren Aktivität in Sonnennähe ist. Andere, noch leichter flüchtige Substanzen sollten in analoger Weise die Ausgasung von Kometen auch schon in größerer Sonnenentfernung verursachen. Die große Produktionsrate von Wasser-Molekülen war überdies ein Hinweis darauf, daß Wassereis zumindest in aktiven kometaren Regionen in großen Mengen vorhanden sein mußte und nicht nur in unbedeutenden Spuren oder auch nur ähnlich häufig wie viele andere Verbindungen. Die bemerkenswert große Gas-Produktionsrate Q (Q = FZ – Anzahl der pro Sekunde mit der Sublimationsrate Z von einer Fläche F sublimierten und emittierten Moleküle) wies mit den bekannten Werten für die Sublimationsrate (Z – Anzahl der pro Flächeneinheit und Sekunde emittierten Moleküle) für Wassereis beim Kometen *Halley* auf eine effektiv ausgasende Fläche in der Größenordnung $F \approx 100$ km^2, und bei den damals noch als zu klein abgeschätzten Kometenradien von 2–3 km auf eine nahezu vollständig ausgasende Oberfläche hin. Seit den VEGA- und Giotto-Beobachtungen in der Nähe des Kometen *Halley* wissen wir, daß es bei dem im Vergleich zu den vorhergehenden Abschätzungen doch etwas größeren Radius dieses Kometen immerhin noch ca. 20% der beleuchteten Oberfläche des Kometen sind, die stark ausgasen. Zumindest in diesen Gebieten ist Wassereis der Hauptbestandteil der volatilen kometaren Materie. Die nicht aktiven Gebiete bestehen somit entweder aus Materialien, die kein Wassereis (mehr) enthalten, oder aber sie sind durch eine abdeckende Oberflächenschicht so von der Wärmeeinstrahlung isoliert, daß sie sich nicht mehr ausreichend tief für eine effektive Sublimation erwärmen können bzw. daß der Gasfluß die Oberfläche nicht erreichen kann.

Um falschen Vorstellungen vorzubeugen, sei an dieser Stelle betont, daß Wassereis zwar bei den Volatilen in Kometen dominiert, daß diese aber, was ihre Masse betrifft, zum großen Teil auch aus sog. „refraktären" Substanzen bestehen können: also aus Elementen und Verbindungen, die auch bei den höheren kometaren Temperaturen in Sonnennähe nicht ausgasen. Beispielsweise wurde aus den Beobachtungen am *Halley*'schen Kometen abgeleitet, daß dieser Staub und Gas im Massenverhältnis 2:1 emittiert.

3. Namensgebung bei Kometen

Kometen werden mit Namen und astronomischen Angaben gekennzeichnet. Dabei war es bis zum Ende des Jahres 1994 Praxis, die Kometen nach ihrer Entdeckung provisorisch mit der zugehörigen Jahreszahl und zusätzlich mit kleinen Buchstaben alphabetisch in der Reihenfolge ihrer Entdeckung zu kennzeichnen. Beispielsweise wurde der als dritter Komet 1910 entdeckte *Halley*'sche Komet als 1910 c bezeichnet. Eine spätere und endgültige Kennzeichnung erfolgte dann bisher mit der Jahreszahl und in der Reihenfolge der Passage des sonnennächsten Punktes (Perihel) mit römischen Ziffern. Der Komet *Halley* wird also auch als 1910 II bezeichnet, da er von den 1910 entdeckten Kometen als zweiter sein Perihel passierte. Zusätzlich werden die Kometen mit bis zu drei Namen unabhängiger Entdecker und in der chronologischen Folge der Entdeckung (bei fotografischen Entdeckungen gilt hierfür die Mitte der Belichtungszeit) bezeichnet, wobei die kurzperiodischen Kometen noch ein „P/" und gemäß einer IAU-Entscheidung vom August 1994 seit 1995 die langperiodischen Kometen noch ein „C/" vor dem Namen haben. Der Buchstabe „D" wird seit 1995 für den Fall verwandt, daß es „Defekte" gibt, der Komet also z. B. bei einer erwarteten nächsten Wiederkehr nicht erschien, vermutlich nicht mehr existiert, eine präzise Bahnbestimmung wegen zu ungenauer Daten unmöglich ist, usw. Für die ebenfalls ab 1995 zu verwendende Bezeichnung „A" (wie Asteroiden) vor den weiteren Angaben gibt es noch kein Beispiel. Sie ist anzuwenden für ein Objekt, das als Komet angesehen wurde, sich aber dann als Asteroid erwies. Den hierzu umgekehrten Fall gibt es bereits. Beispielsweise ist der Asteroid 2060 Chiron inzwischen als Komet einzustufen, da er z. B. Jets und die Entwicklung einer Koma zeigte. Er wird nunmehr als 95P/*Chiron* bezeichnet.

Kollektive Entdeckungen, z. B. bei Satellitenexperimenten, werden mit dem jeweils verwendeten Instrument bezeichnet, z. B. IRAS oder SMM. Reichte die Anzahl der 26 Buchstaben von a bis z nicht aus, wurden die Buchstaben noch mit einer Zahl indiziert; $1991a_1$ war also der 27. Komet, der 1991 entdeckt wurde. Der bzw. die Entdeckernamen werden nach Beratung mit dem CBAT (Central Bureau of Astronomical Telegrams am Harvard-Smithsonian Zentrum für Astrophysik in Cambridge/Massachusetts) und einem Komitee aus neun von der IAU (Internationale Astronomische Union) benannten Astronomen festgelegt, womit man auch heute noch der bis in die Tage des französischen „Kometenjägers" Charles Messier zurückgehenden Tradition folgt, die Kometen nach ihren Entdeckern zu bezeichnen. Hat ein Beobachter bereits einen oder mehrere Kometen entdeckt, so wird dies im Wiederholungsfall mit der entsprechenden Zahl hinter dem Namen berücksichtigt. Der Komet P/*Tempel 2* ist also der zweite von Tempel entdeckte kurzperiodische Komet.

Die seit dem 1. Januar 1995 geltende neue Regelung für die Kennzeichnung in dem jeweiligen Jahr der Entdeckung legt, beginnend mit Januar für jede Monatshälfte (bis 15. eines jeden Monats bzw. ab 16. bis Monatsende) einen in alphabetischer Reihenfolge laufenden großen Buchstaben und dann in der Reihenfolge der Entdeckungen in diesem Zeitintervall eine Zahl fest, beispielsweise für die Zeit vom 1.–15. Januar den Buchstaben „A". oder für das Intervall vom 16.–31. Juli den Buchstaben „O". Der Buchstabe „I" wird hierbei nicht verwendet (und „Z" nicht benötigt). Der langperiodische Komet *Hyakutake* erhielt so als zweiter in der zweiten Januarhälfte 1996 entdeckter Komet die Bezeichnung C/1996 B2, und der langperiodische Komet *Hale-Bopp* trägt beispielsweise als erster in der zweiten Julihälfte des Jahres 1995 entdeckter Komet die Bezeichnung C/1995 O1.

Auf die Kennzeichnung über die Reihenfolge der Periheldurchgänge wird mit den neuen Regelungen verzichtet, um keine nachträglichen Änderungen wegen der teilweisen Ungenauigkeiten der Bahndaten vornehmen zu müssen, die z. B. später zu Korrekturen in der wirklichen Reihenfolge des Periheldurchganges führen und so ein gewisses Durcheinander in den Bezeichnungen erzeugen könnten.

Bei den mit Namen versehenen kurzperiodischen Kometen (und einigen bereits wieder verschwundenen Objekten) kann man gemäß der ab 1995 geltenden Regelung zusätzlich eine Numerierung dieser Körper vornehmen; der bereits genannte *Halley*'sche Komet hat hier die Nummer 1 erhalten, so daß er, der nun die Bezeichnung 1682 Q1 trägt, auch 1P/*Halley* heißt. Der zerfallene *Biela*'sche Komet, der als 1826 D1 geführt wird, kann auch als 3D/*Biela* bezeichnet werden. Wegen weiterer Details wird der interessierte Leser auf den Kometenbahnenkatalog 1995 von Marsden und Williams (1995) verwiesen.

4. Eine kleine Entdeckungsgeschichte – Der Komet Hale-Bopp

Die Entdeckung des Kometen C/1995 O1 (*Hale-Bopp*) erfolgte in der Nacht vom 22. zum 23. Juli 1995 unabhängig voneinander durch zwei amerikanische Amateurastronomen, Alan Hale aus Cloudcroft (New Mexico) und Thomas Bopp aus Glendale (Arizona).

Alan Hale ist ein begeisterter Kometenbeobachter, der in mehr als 400 Stunden bereits über 200 Kometen während ihrer Sonnennähe beobachtet hat. Zwischen der Beobachtung der Kometen P/*Clark* und P/*d'Arrest* hatte er in dieser Nacht noch eine Stunde zu warten, und er richtete sein Fernrohr auf den Nebel M 70, einen Kugelsternhaufen im Sternbild Schütze. In das Sichtfeld kam dabei in dessen Nähe ein verwaschenes Objekt, das früher noch nicht da war. So entdeckte dieser Kometenbeobachter, wie er selbst ironisch feststellte, einen Kometen gerade dann, als er sich einmal keinen Kometen ansehen wollte. Er informierte umgehend das für solche Meldungen zuständige IAU Central Bureau for Astronomical Telegrams (CBAT). Nach dieser Information schrieb Brian Marsden am CBAT diesem Objekt bereits die vorläufige Bezeichnung „1995 O1" zu, um damit anzuzeigen, daß es sich hierbei um den ersten der in der zweiten Hälfte des Juli 1995 gefundenen Kometen handelt.

Der zweite und nahezu zeitgleiche Entdecker, Thomas Bopp, beobachtete in derselben Nacht zusammen mit Freunden einige Nebel aus dem Messier-Katalog. Dabei stieß er ebenfalls bei der Suche nach M 70 auf ein schwach leuchtendes Objekt, das in keiner der Himmelskarten verzeichnet war. Dies war, so stellte der nachträgliche Vergleich heraus, ca. zehn bis zwanzig Minuten nachdem Alan Hale dies Objekt gefunden hatte. Nach einer Stunde konnten dann Thomas Bopp und seine Freunde feststellen, daß sich das Objekt bewegt hatte. Bopp fuhr dann über 90 Meilen nach Hause und informierte (übrigens ungefähr zwei Stunden später als Alan Hale) das CBAT über diese Entdeckung, allerdings auch deswegen etwas verspätet, da er nicht sogleich die richtige Telegrammadresse finden konnte. Die offizielle Bestätigung, daß es sich um eine Neuentdeckung handelt, erhielt er dann bereits am Morgen desselben Tages.

Die Helligkeit des entdeckten Kometen lag bei der 10,5. Größenordnung, d.h. ungefähr sechzig mal schwächer als die Grenzhelligkeit des normalen menschlichen Auges. Eine solche Helligkeit ist nicht ungewöhnlich für Kometen, die aus einer Entfernung von wenigen astronomischen Einheiten entdeckt werden. Allerdings deutete die nur sehr geringe Geschwindigkeit der Ortsveränderung am Himmel bereits darauf hin, daß das Objekt wahrscheinlich deutlich weiter entfernt war als für Kometen mit solchen Helligkeiten üblich.

Während der nächsten Tage wurde die Position des neuen Kometen durch eine Vielzahl von Beobachtern bestimmt. Diese Daten gaben die Möglichkeit zu einer ersten Bahnberechnung mit dem überraschenden Resultat, daß sich der Komet in ca. einer Milliarde Kilometer Entfernung von der Sonne befand. Und dennoch hatte er bereits die beobachtete und damit offenbar relativ große Helligkeit. Er war damit ca. 250 mal heller als der Komet *Halley*, als dieser im Jahre 1987 in ungefähr der gleichen Entfernung beobachtet wurde. Die nachfolgenden verfeinerten Bahnberechnungen bestätigten diese Resultate. Der Komet bewegt sich auf einer nahezu parabolischen Bahn, also auf einer bereits sehr langgestreckten Ellipse mit ca. 4200 Jahren Umlaufzeit. Das bedeutet aber auch, daß dies kein „neuer" Komet aus dem „Kometenreservoir Oortsche Wolke" am Rande des Sonnensystems ist, sondern daß er bereits auf einer Bahn im inneren Sonnensystem war, die er möglicherweise aber noch nicht oft durchflogen hatte, so daß er noch große aktive Gebiete haben könnte, worauf seine relativ große Helligkeit schon zum Zeitpunkt der Entdeckung Hinweise geben könnte.

Auf dieser langgestreckten Bahn wird der Komet am 1. April 1997 seinen sonnennächsten Punkt mit 0,914 astronomischen Einheiten Entfernung erreichen. Die größte Erdannäherung wird einige Tage vorher am 23. März 1997 mit ca. 194 Millionen Kilometern erfolgen. Da der Komet eine Bahnneigung von nahezu 90° hat, bewegt er sich in einer Ebene,

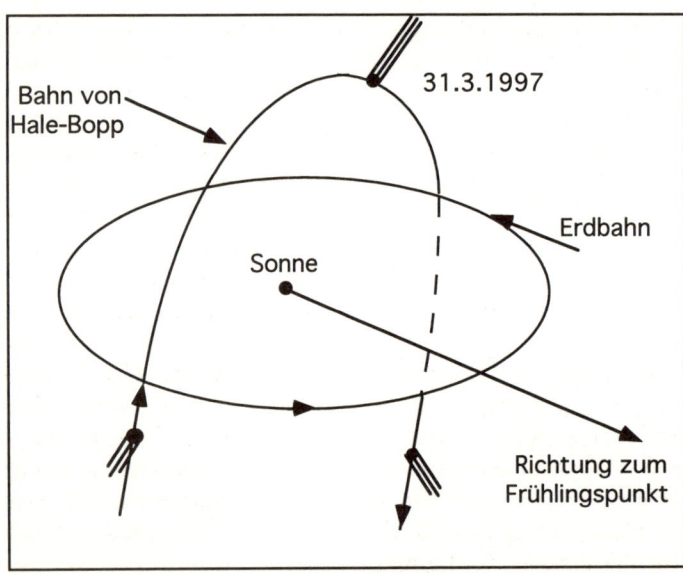

Abb. 3: Schematische Darstellung der Bahn des Kometen *Hale-Bopp*. Der Frühlingspunkt ist der Ort in der Bahnebene der Erde, an dem die Sonne zum Frühlingsbeginn steht.

die fast senkrecht auf der der Erdbahn steht, wobei er vom Süden kommend seinen sonnennächsten Punkt nördlich der Ekliptik haben wird und damit auch von der nördlichen Hemisphäre der Erde aus sehr gut zu beobachten sein wird. Da seine Helligkeit, wie erwähnt, bereits bei der Entdeckung bemerkenswert groß war, woraus man anfangs auf einen Durchmesser um 100 km schloß, ist die Hoffnung berechtigt, daß wir den Kometen P/*Hale-Bopp* Ende März und Anfang April 1997 mit bis zu 22° über dem Horizont in Breiten um 50° (nördl.) Breite wieder als einen auffälligen Kometen am Himmel beobachten können (vgl auch Abb. 3), vielleicht als den „Großen Kometen" von 1997, dem möglicherweise nach dem Kometen *Sarabat* von 1729 absolut zweithellsten Kometen seit den Aufzeichnungen ab 1450.

Die ersten Hoffnungen auf einen hellen und von der Erde aus gut beobachtbaren Kometen wurden durch Beobachtungen im Jahre 1996 weiter gestützt, die zeigten, daß die Aktivität auf dem hohen Niveau mit enormen Staub-Jets und Ausbrüchen verblieb, allerdings mit bemerkenswert starken Schwankungen. Der Komet ist in der Tat auch weiterhin durch eine ungewöhnlich helle Koma zu charakterisieren. Die Koma besteht nahezu ausschließlich aus „Staubpartikeln", CN und CO wurden in ihr inzwischen aber ebenfalls nachgewiesen. Die Beobachtungen ergaben auch Hinweise auf Wassereis-Partikel. Die Hinweise auf einen doch relativ großen Durchmesser haben sich verstärkt. Der vermutliche Durchmesser dürfte nach Untersuchungen mit dem *Hubble Space Telescope* bei ca. 40 km liegen, vielleicht sogar noch etwas darüber, aber hier ist nach wie vor das letzte Wort noch nicht gesprochen. Verstärkt hat sich aber die Sicherheit, im März und April 1997 wieder einen auffällig hellen Kometen am nördlichen Himmel beobachten zu können, der nach den jetzigen Schätzungen die 2,6. Größenordnung erreichen und damit jedenfalls ungefähr so hell wie Jupiter am Nachthimmel sein wird.

II. Die Bahneigenschaften der Kometen

Kometen bewegen sich auf allen möglichen Bahnen im Sonnensystem und spielen damit eine Sonderrolle, denn alle anderen Körper im Planetensystem bewegen sich innerhalb wohl definierter Bereiche einzelner Bahnparameter. Die Planetenbahnen haben beispielsweise alle eine sehr geringe Exzentrizität, also eine geringe Abweichung von der Kreisform, und auch ihre Bahnneigung, also der Winkel zwischen der Bahnebene des Kometen und der Bahnebene der Planeten, ist durchweg gering. Auch die Asteroiden sind im wesentlichen in einem wohldefinierten Bereich z. B. der Bahnhalbachsen bzw. Bahnradien zu finden, und nur einige aus dem Asteroidengürtel gestreute Körper fallen aus diesem Schema.

1. Kometenbahnen

Es gab bis Ende 1994 gemäß dem *Kometenbahnkatalog 1995* (Marsden und Williams, 1995) insgesamt 1444 verzeichnete Berichte über verschiedene Kometenerscheinungen, denen insgesamt 1472 Bahnen zugeordnet wurden. Diese merkwürdige Differenz resultiert daraus, daß insbesondere ältere Beschreibungen recht ungenau sind und daher teilweise nur unscharfe Bahnbestimmungen möglich wurden, in manchen Fällen sogar unterschiedliche Bahnen für ein und dasselbe Objekt abgeleitet wurden. Diese 1472 Bahnen beziehen sich auf 788 Bahnzuordnungen für 762 Kometen, die bisher nur einmal erschienen, und auf 684 Bahnen von 682 Erscheinungen von 116 periodischen Kometen.

Genauere Bahnberechnungen liegen heute mit dem *Kometenbahnenkatalog 1995* von 878 Kometen vor, von denen 184 Umlaufzeiten unter 200 Jahren haben, und die damit per definitionem als *kurzperiodische Kometen* bezeichnet werden. Als *langperiodisch* werden die anderen 694 Kometen mit Umlaufzeiten über 200 Jahren gekennzeichnet. Von diesen Kometen werden für 347 parabolische Bahnen angenommen, also solche, die sie letztlich, quasi in unendlich langer Zeit, aus dem Sonnensystem herausführen. Inwieweit hier wirklich parabolische oder nur sehr stark exzentrische elliptische Bahnen vorliegen, ist unsicher, da z. T. die Berechnungen ungenau sind, z. B. teilweise die planetaren Störungen nicht mit einbezogen wurden.

Von den verbleibenden, ebenfalls 347 Kometen bewegen sich 210 auf eindeutig elliptischen Bahnen, während 137 Objekte sich auf hyperbolischen Bahnen bewegen, die ebenfalls aus dem Sonnensystem herausführen, dies aber in endlicher Zeit. Es ist an dieser Stelle allerdings zu bemerken, daß in diesen Fällen die z. T. nicht besonders exakt bestimmten Exzentrizitäten sehr nahe bei dem Wert 1, wie er für Parabeln gilt, liegen, und die Abweichungen im Prozent- bzw. im Promille-Bereich liegen, so daß eine zumindest ursprüngliche dynamische Kopplung an das Sonnensystem durchaus angenommen werden kann. Es ist jedenfalls bisher kein einziges Objekt bekannt geworden, das mit einer deutlichen „Überschußgeschwindigkeit" und damit auf einer klar hyperbolischen Bahn das innere Sonnensystem durchflog.

Andererseits weisen diese 137 Objekte mit hyperbolischen Bahnen, auf die sie durchaus infolge ihrer Wechselwirkungen mit den großen Planeten und der Sonne im inneren Sonnensystem gebracht worden sein können, auch darauf hin, daß Kometen das Sonnensystem verlassen und in den interstellaren Raum hinaus bewegt werden können. Sie wären so die einzigen körperlich-materiellen Boten unseres Sonnensystems, die auf ganz natürlichem Weg auch andere Sonnensysteme erreichen können. Nimmt man eine nur kleine Entweichgeschwindigkeit in der Größenordnung Meter pro Sekunde an, so bedeutet dies, daß solch ein Komet unsere benachbarten Sterne nach einer Flugdauer von einigen hundert Millionen bis zu einer Milliarde Jahren erreichen könnte. Umgekehrt wären natürlich dann auch solche Kometen von besonderem Interesse, die, sich auf deutlich hyperbolischen Bahnen bewegend, offenbar von außen in das Sonnensystem kämen und ihren Ursprung in einem anderen Sonnensystem haben müßten.

Leider ist bis heute noch kein Komet bekanntgeworden, dessen Bahn eindeutig diesen Schluß zuließe.

2. Eigenschaften kometarer Bahnelemente

Die zum Sonnensystem gehörigen Kometen bewegen sich unter dem Einfluß der Schwerkraft der Sonne auf oft recht langgestreckten Ellipsen um die Sonne. Man unterscheidet dabei, wie oben erwähnt und übrigens recht willkürlich, zwischen den sog. „kurzperiodischen Kometen", die eine Umlaufzeit um die Sonne von weniger als 200 Jahren haben, und den „langperiodischen Kometen", deren Umlaufzeiten größer als 200 Jahre sind. Daß diese Unterteilung aber dennoch auch mit realen physikalischen Unterschieden einhergeht, wird schon daraus ersichtlich, daß die kurzperiodischen Kometen viel häufiger auf ihren Bahnen durch das innere Sonnensystem mit den praktisch in der Ekliptikebene bewegenden Planeten in eine Wechselwirkung treten können. Sie sind also bereits viel stärker in die Ekliptikebene (also die Bahnebene der Planeten, exakt die der Erdbahn) „hereingezogen", ihre Bahnneigungen, d. h. der Winkel zwischen ihrer Bahnebene und der Ebene der Planetenbahnen, sind im Vergleich zu denen der langperiodischen Kometen bereits wesentlich kleiner (wobei hier natürlich ein fließender Übergang mit wachsender Umlaufzeit erfolgt und bei 200 Jahren Bahnperiode kein Sprung vorliegt). Dieser Unterschied in den Bahnneigungen zwischen den langperiodischen und den kurzperiodischen Kometen ist in den Abbildungen 4a–4d dargestellt, mit denen gleichzeitig auch die Verteilung der Knotenwinkel und der Perihelwinkel gegeben wird, deren Bedeutung aus der Abbildung 5 ersichtlich wird. Die Kreise geben die entsprechenden Werte für die kurzperiodischen Kometen an, wobei die offenen Kreise sich auf die kurzperiodischen Kometen mit Umlaufzeiten zwischen 20 Jahren und 200 Jahren beziehen, während die Kometen mit Umlaufzeiten unter 20 Jahren („Jupiterfamilie") durch ausgefüllte Kreise gekennzeichnet sind. Als weitere Besonderheit sind die Mitglieder der „Kreutz-Gruppe", also einer Gruppe der Sonne sehr nahe kommender und dabei z. T. zerfallender Kometen in den Abbildungen 4a–4c mit einem „K" dargestellt.

Es ist auffällig, daß die Bahnneigung „i" des Hauptteiles der gut erfaßten Kometen, nämlich der „inneren" kurzperiodischen Kometen, bereits sehr gering ist, während die erst in das innere Sonnensystem hineindiffundierenden „äußeren" langperiodischen Kometen noch mit großen Bahnneigungen behaftet sein können. Die langperiodischen Kometen, dargestellt mit den „eckigen" Histogrammen und zugehörigen sinus-förmigen Ausgleichskurven, zeigen eine klare Gleichverteilung aller Bahnneigungen. Eine solche Gleichverteilung zeigt sich in Abbildung 4b ebenfalls in dem Knotenwinkel Ω in der Ekliptikebene.

Verallgemeinernd kann man schlußfolgern, daß die langperiodischen Kometen offenbar aus allen Richtungen kommen. Damit können sie eigentlich nur aus einem „isotropisierten" Reservoir an den äußeren Rändern des Sonnensystems stammen, oder sie sind interstellaren Ursprungs und fliegen aus allen Richtungen aus dem interstellaren Raum in das Sonnensystem hinein.

Im letztgenannten Fall würde aber die Eigenbewegung des Sonnensystems gegenüber der lokalen galaktischen Umgebung mit ungefähr 20 km/s dazu führen, daß eigentlich mehr Kometen aus der Flugrichtung des Sonnensystems (in Abb. 4d als A gekennzeichnet) als aus der dazu entgegengesetzten Richtung kommen müßten. Die Abbildung 4d zeigt mit der Darstellung der Perihelrichtungen langperiodischer Kometen, daß dies nicht der Fall ist. Dies ist ein weiterer Hinweis darauf, daß die Kometen zum Sonnensystem gehören. Verstärkt wird dieser Schluß, wie schon erwähnt, noch dadurch, daß es auch unter den vielen sehr exzentrischen Kometenbahnen keine einzige gibt, die so deutlich „hyperbolisch" ist, daß ihr eine Anfluggeschwindigkeit von ca. 20 km/s zuzuordnen wäre. Die wegen der Ungenauigkeiten der Bahnbestimmungen möglichen Werte liegen hier bei nur wenigen Metern pro Sekunde, so daß hier derartige Fehler keine Rolle mehr spielen können.

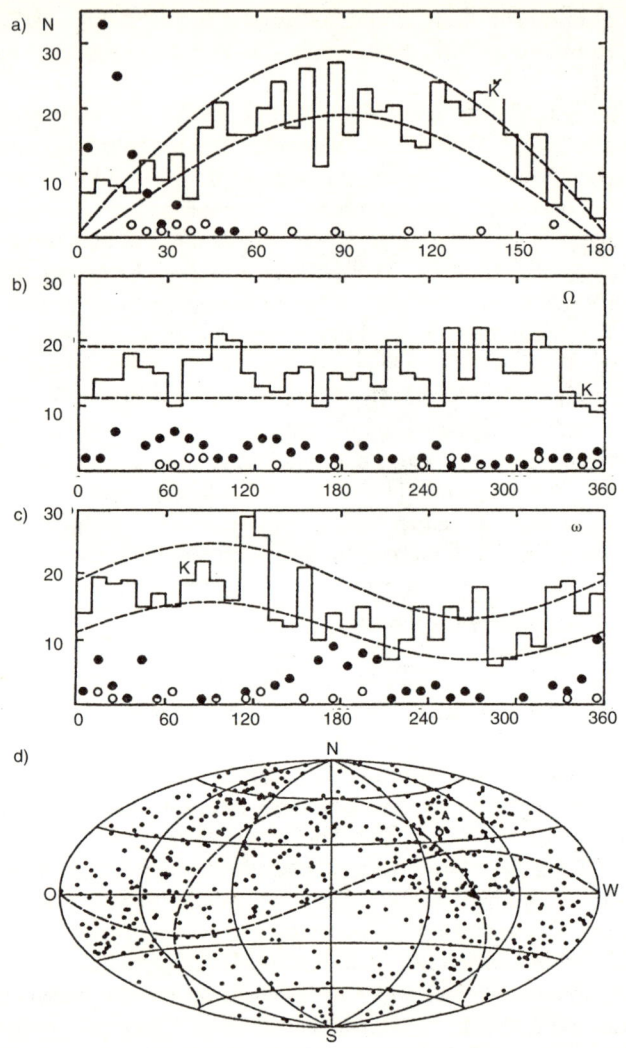

Abb. 4: Verteilung kometarer Bahnelemente: a – Bahnneigungen, b – Knotenwinkel, c – Perihelwinkel, d – Perihelrichtungen am Himmelszelt (nach Kreszak, 1982). Die Bedeutung dieser Bahnelemente ist der Abb. 5 entnehmbar.

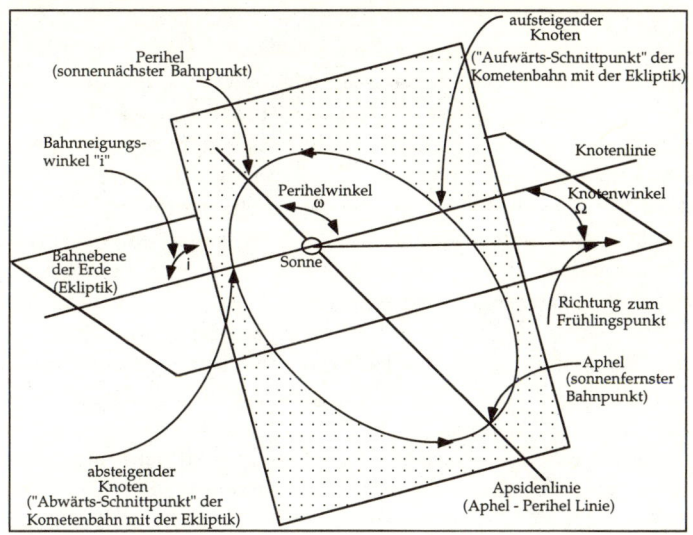

Abb. 5: Die astronomischen Bahnelemente

3. Nichtgravitative Kräfte

Die in den vorhergehenden Abschnitten beschriebene Bewegung der Kometen im Rahmen des Zweikörperproblems, also der Bewegung zweier Körper unter dem Einfluß ihrer Schwerkraft, ist eine für viele Zwecke ausreichend gute Näherung. Abweichungen davon treten in der Nähe größerer Körper z. B. in Form der Gezeitenkräfte oder infolge der mit einem raketenartigen Rückstoß verknüpften lokalen Ausgasung über die sog. „nichtgravitativen Kräfte" an Kometen auf. Daß diese Rückstoßkräfte die Ursache von Bahnveränderungen von Kometen sein können, ist bereits seit Bessel im Prinzip bekannt.

Ein besonderes interessanter weiterer Aspekt des Wirkens dieser Kräfte ist, daß es über ihre Abschätzung möglich ist, die Masse der jeweiligen Kometen zumindest näherungsweise zu ermitteln (da ja die Masse der Kometen zwar aus den Glei-

41

chungen im Falle rein gravitativer Wechselwirkungen wegen der Gleichheit von träger und schwerer Masse herausfällt, dies aber nicht bei dem nur vom Massenverlust und der Ausgasungsgeschwindigkeit abhängigen Rückstoß der Fall ist). Es sei an dieser Stelle ebenfalls erwähnt, daß diese nichtgravitativen Kräfte natürlich nicht nur die Bahn eines Kometen verändern können; da sie im allgemeinen nicht gerade im Schwerpunkt des Kometen angreifen, führen sie auch zu einem Drehmoment und somit zu einer Veränderung der Rotationseigenschaften von Kometenkernen.

Der Betrag der nichtgravitativen Kräfte ist bestimmt durch die Masse der ausströmenden Gase, also durch ihre Sublimationsrate und ihre Molekülmasse sowie durch die mittlere Ausströmgeschwindigkeit.

Diese „nicht-gravitativen" Kräfte führen zu dem meßbaren Effekt einer Veränderung in der Umlaufzeit des Kometen. Die transversale Kraftkomponente, die senkrecht zur Richtung Sonne → Komet orientiert ist und in Richtung der Bewegung des Kometen positiv gezählt wird, führt im Falle eines negativen Wertes zu einer Abbremsung, bei positiven Beträgen zu einer Beschleunigung der Bahnbewegung. Aber auch die radiale Kraftkomponente, die so etwas wie eine scheinbar reduzierte Masse der Sonne bei der Bahnbewegung „vorgaukelt", kann eine merkliche Veränderung der Umlaufzeit verursachen, insbesondere wenn die Ausgasung deutlich asymmetrisch um das Perihel verteilt ist. Im Falle einer verstärkten Aktivität nach dem Perihel resultiert so eine Verlängerung der Umlaufzeit.

4. Gezeitenkräfte

Die Beschreibung der im „Zweikörperproblem" dargestellten Bewegung zweier gravitativ wechselwirkender Körper war von der Annahme ausgegangen, daß die Entfernungen beider Körper im Vergleich zu ihren eigenen Ausmaßen so groß sind, daß beide Körper als „Punktmassen" behandelt werden können. Diese Annahme trifft natürlich nicht zu, wenn z. B. ein sehr naher Vorübergang auf stark elliptischen Bahnen erfolgt, denn dann wirkt auf die voneinander entfernteren Teile der Körper eine jeweils geringere Gravitationskraft als auf die gegenüberliegenden „benachbarten" Gebiete. In gleicher Weise ist die Fliehkraft bei den dann ja merklich unterschiedlichen Bahnradien solcher Gebiete deutlich verschieden. Mit anderen Worten, es wirken unterschiedliche Kräfte auf unterschiedliche Teile dieser Körper, bzw. es wirkt auf der Verbindungslinie beider Körper effektiv eine Kraft, die auf dieser Linie zwischen den Körpern jeweils auf den anderen Körper gerichtet ist (lokal relativ größere Gravitation und vergleichsweise reduzierte Fliehkraft), während sie auf dieser Linie außerhalb beider Körper von diesen weg nach außen zeigt (lokal relativ verkleinerte Gravitation und vergleichsweise vergrößerte Fliehkraft). An den Körpern greifen also wegen ihrer endlichen Ausdehnung Kräfte an, die so gerichtet sind, daß sie den jeweiligen Körper auseinanderziehen bzw. deformieren können. Ihnen entgegen wirken natürlich die Kräfte, die diese Körper zusammenhalten, z. B. deren Eigengravitation oder auch die Festkörperbindungen.

Sind jedoch bewegliche Medien wie Ozeane oder Atmosphären vorhanden, so folgen diese den „Gezeitenkräften", wie an den Ozeanen und auch der Atmosphäre der Erde leicht nachzuvollziehen ist, bei denen die Gezeitenkräfte z. B. vom Mond wirken. An den beiden Seiten der beteiligten Körper bilden sich ungefähr auf der Verbindungslinie dieser beiden Körper „Ausbuchtungen", die sog. *Gezeitenberge*, unter denen sich z. B. die Erde wegen ihrer Rotation „durchdreht". Dieser mit Reibung verbundene Prozeß des „Durchdrehens" und der Deformationen unter den Gezeitenbergen führt übrigens langsam aber sicher zu einer Abnahme des Drehimpulses und der Rotationsenergie der Erde und somit zu einer Verlängerung der Tagesdauer. Wegen der Drehimpulserhaltung führt dieser Effekt gleichermaßen zu einer Bahn-Drehimpulszunahme des Mondes, und damit zu einem zunehmenden Abstand von Erde und Mond. Dieser Prozeß wird enden, wenn Erde und Mond in einem Zustand vollständig „gebundener

Rotation" sind, bei dem die irdische Tageslänge der des Mondumlaufes entspräche, Tages- und Monatslänge also übereinstimmen. Der Mond hat übrigens diesen Zustand bereits erreicht, die Gezeitenwirkungen der wesentlich massereicheren Erde haben seine Eigenrotation bereits so weit abgebremst, daß er der Erde immer die gleiche Seite zuwendet.

Greifen nun, wie z. B. bei Kometen, diese Gezeitenkräfte an festen Körpern an, so können diese deformiert werden, wobei die Dissipation (irreversible Energieumwandlung in Wärme) infolge der auch in diesem Fall auftretenden Reibung zu ähnlichen wie den oben dargestellten Effekten führt, gegebenenfalls aber auch zu innerer Aufheizung, wie beispielsweise beim Jupitermond Io. Die Körper können aber auch zerrissen werden, wenn ihre inneren Bindungskräfte schwächer als die Gezeitenkräfte sind. Da diese Gezeitenkräfte berechenbar sind, kann man dann den Maximalwert der inneren Bindungen solcher zerfallender Körper abschätzen. Die resultierenden Werte liegen bei mehreren hundert Pascal bis in die Größenordnung kPa. Sie müssen aber nicht typisch für den gesamten kometaren Körper sein, sondern können auch nur die Bindungsspannungen in „Schwächezonen" darstellen, an denen der Komet dann zuerst aufreißt.

III. Herausragende Kometen

In den vorangehenden Abschnitten wurde bereits deutlich, daß bei Kometen viele unterschiedliche Phänomene auftreten, die bei verschiedenen Kometen unterschiedlich stark ausgeprägt sein können. Nimmt man als entscheidende Charakteristika für einen Kometen die Eigenschaften des intensiven Ausgasens mit resultierender Koma und Schweif und eines damit verbundenen hohen Anteils an Volatilen, also der bei Erwärmung leichtflüchtigen Substanzen, so bleibt immer noch eine große Vielfalt von Eigenschaften: z.B. mit Blick auf die mögliche Entstehung und resultierende Zusammensetzung, die nachfolgende Bahnentwicklung mit starken Aufwärmungen oder nahem Vorbeiflug an großen Planeten oder der Sonne. Deshalb erfordert ein vollständigeres Bild der Kometen auch der Untersuchung einer größeren Zahl einzelner und unterschiedlicher Objekte. Andererseits ist man bei der Erforschung der Kometen von Natur aus auf die wenigen Exemplare angewiesen, die auf ihrer momentanen Bahn gerade einer Beobachtung zugänglich sind, entweder von der Erde oder von Erdsatelliten aus oder aber auch mittels gezielter Satellitenmissionen. Im folgenden wird daher insbesondere auf solche Kometen eingegangen, deren Untersuchung, wenngleich aus sehr unterschiedlichen Anlässen, besonders deutlich zu weiteren Fortschritten in der Kometenforschung führte.

1. Der *Halley*'sche Komet

Die Anfänge der wissenschaftlichen Untersuchung von Kometen sind eng verbunden mit dem englischen Mathematiker, Astronomen und Physiker Sir Edmund Halley. Dieser berechnete im Jahre 1705 auf der Basis der Newtonschen Mechanik und des Newtonschen Gravitationsgesetzes und mit der resultierenden Feststellung, daß sich die Kometen auf Ellipsen um die Sonne bewegen, die Bahnelemente von 24 Kometen und gelangte dabei zu dem erstaunlichen Ergebnis, daß die Kometen von 1531, 1607 und 1682 nahezu gleiche Bahnen hatten. Dies legte die Vermutung nahe, daß es sich hierbei um ein und denselben Kometen handelte, der periodisch auf seiner elliptischen Bahn wiederkehrte. Dieser Komet sollte dann eine Umlaufzeit von nahezu 76 Jahren haben. Halley wagte aufgrund seiner Berechnungen die Wiederkehr dieses Kometen für den Anfang des Jahres 1759 zu prognostizieren. Leider war es Halley nicht vergönnt, die Bestätigung dieser Vorhersage noch zu erleben. Er hätte dazu 103 Jahre alt werden müssen. Aber seither trägt dieser Komet den Namen dieses herausragenden englischen Wissenschaftlers.

Die Überprüfung der Halley'schen Vorhersage der Wiederkehr des Kometen Anfang 1759 beschäftigte die Mathematiker und Astronomen in der ersten Hälfte des achtzehnten Jahrhunderts sehr. Der französische Mathematiker Clairot berechnete gemeinsam mit Madame Lepaut die störenden Einflüsse der damals bekannten großen Planeten auf die Bahn dieses Kometen, und sie sagten eine Verzögerung seiner Wiederkehr infolge des Einflusses von Jupiter und Saturn voraus und damit seine Perihelpassage für den 13. April 1759, wobei sie den Fehler als nicht größer als ungefähr einen Monat abschätzten. Die Wiederentdeckung gelang dem Bauern und Liebhaberastronomen Johann Georg Palitzsch aus Prohlis bei Dresden bereits am 26. Dezember 1758. Der sonnennächste Punkt der Bahn wurde am 12. März 1759 erreicht, gerade noch innerhalb des von Clairot angegebenen Fehlers. Insgesamt war damit die auf den Newtonschen Theorien basierende „Himmelsmechanik" in großartiger Weise bestätigt worden, was ein in der damaligen Zeit wichtiger Triumph für die aufstrebenden Naturwissenschaften war. Überdies gelang es anhand der nunmehr bekannten Bahneigenschaften, auch das Erscheinen dieses Kometen in der Geschichte nahezu lückenlos bis zum Jahre 187 v. u. Z. zurückzuverfolgen; sein Erscheinen ist auch bereits 240 v. u. Z. beobachtet worden.

Bis zur nächsten Wiederkehr des *Halley*'schen Kometen im Jahre 1835 waren die Berechnungsgenauigkeiten z. B. bei der Erfassung der Störungen durch die großen Planeten und auch die astronomischen Beobachtungsmethoden, auch in ihrer Genauigkeit, wesentlich verbessert worden. Pontécoulant berechnete den nächsten Periheldurchgang für den 13. November 1835. Der am 5. August 1835 wiederentdeckte Komet hatte seine Perihelpassage am 16. November jenes Jahres.

Das nächste Erscheinen dieses Kometen war nun für das Jahr 1910 zu erwarten; Cowell und Crommelin hatten die Bahn bereits sehr genau berechnet, wobei neben den Störungen von Jupiter und Saturn nun auch noch die von Uranus und Neptun mit einbezogen wurden. Am 11. September 1909 wurde er dann von Wolf in Heidelberg wiederaufgefunden, nur 24" in Rektaszension und 4 Bogenminuten in Deklination von dem Ort entfernt, den er nach den Ephemeriden von Cowell und Crommelin haben sollte. Das Perihel passierte er am Morgen des 20. April, um drei Tage später als nach den Berechnungen zu erwarten war. Wie bereits erwähnt, lag diese Verzögerung nicht an einer vielleicht noch zu ungenauen Berechnung oder gar der nur näherungsweisen Gültigkeit der Newtonschen Gesetze, sondern ganz einfach darin begründet, daß die erwähnten „nichtgravitativen" Kräfte auf Kometen wirken, indem diese in Sonnennähe raketenartig Gas und Staub ausschleudern und damit auch ihre Bahn beeinflussen können.

Die Wiederkehr des *Halley*'schen Kometen im Jahre 1910 war aber aus einem anderen Grunde noch von Bedeutung. So ging der Komet am Morgen des 19. Mai vor der Sonnenscheibe vorüber, während die Erde bei dieser Gelegenheit den Schweif des Kometen passieren mußte, falls dieser mindestens 24 Millionen Kilometer lang war. Der Sonnenvorübergang dauerte ungefähr eine Stunde, aber es war trotz größter Anstrengungen nichts von dem Kometen zu sehen. Seine Koma war also praktisch durchsichtig, und der in ihr sitzende eigentliche Kometenkern war offenbar viel zu klein, um überhaupt wahrgenommen werden zu können. Da die Schweifentwicklung im Mai 1910 mit einer Länge von ungefähr 30 Millionen Kilometer recht bemerkenswert war, sollte die Erde zumindest durch einen der Nebenschweife gehen (der Hauptschweif war zu stark von der Erde weggekrümmt). Es konnten aber keine Beobachtungen gemacht werden, die in irgendeiner Art und Weise auf eine spürbare Wechselwirkung des Schweifes mit der Erdatmosphäre hindeuteten, was ein weiterer Hinweis auf die geringe Dichte des Schweifmaterials war.

Aber damit ist die besondere Geschichte dieses Kometen noch nicht abgeschlossen. Schließlich mußte er ja im Jahre 1986 wiederkehren. Und mittlerweile war man nicht mehr allein auf „astronomische Fernerkundungsmethoden" zur Erforschung angewiesen, man konnte dank der inzwischen erreichten Möglichkeiten der Weltraumforschung diesen Kometen auf seiner Bahn durch das innere Sonnensystem direkt anfliegen. Eine ganze Armada wissenschaftlicher Raumsonden wurde auf den Weg gebracht, um den Kometen aus direkter Nähe zu erforschen. In der Reihenfolge ihrer Annäherung an den Kometen waren dies:

• *VEGA-1* (Annäherung auf ca. 8890 km am 6. März 1986), eine von der damaligen Sowjetunion am 15. Dezember 1984 in Baikonur gestartete Sonde, die in internationaler Zusammenarbeit auch von westeuropäischen und amerikanischen Forschern ausgerüstet worden war, was in diesem Ausmaß damals ein echter Fortschritt und vor allem dem zielgerichteten und weltoffenen Wirken des damaligen Direktors des Moskauer Institutes für kosmische Forschungen (IKI), Roald Zinurjewitsch Sagdeev, zu danken war. Nach einem Vorbeiflug an der Venus am 11. Juni 1985 (daher von Venus das „VE" in VEGA; „GA" aus dem russischen „Gallei" für *Halley*) und dem dortigen Absetzen eines Landeapparates, flog diese Sonde dann mit einer Geschwindigkeit von 79,2 km/s am Kometen *Halley* vorbei. Diese große Differenzgeschwindigkeit resultiert aus der Tatsache, daß der Komet *Halley* die Sonne nahezu in gegenläufiger Richtung umfliegt wie die Erde und die von ihr aus gestarteten Sonden, so daß Sonde und Komet quasi aufeinander zuflogen. VEGA-1 befindet sich seither auf einer Bahn um die Sonne. Es ist das Verdienst der VEGA-1-Sonde, ein erstes, wenngleich sehr unscharfes Bild der Umrisse eines Kometenkerns geliefert zu haben, aus dem allerdings noch nicht hervorging, daß es sich hier tatsächlich um einen Kernkörper anstelle einer lockeren Ansammlung mehrerer Körper („Sandbank-Modell") handelt. Wegen einer Bildunschärfe war die Qualität der Bilder so schlecht, daß aus ihnen keine weitergehenden Angaben zum Kern ableitbar waren, wohl aber waren in den beiden letzten Tagen vor der größten Annäherung mit langen Bildsequenzen aus 14 Millionen und 7 Millionen Kilometer Entfernung vom Kometenkern wertvolle Bilder über die Koma, ihre Struktur und Dynamik übermittelt worden. Darüber hinaus lieferte VEGA-1 wichtige Informationen zur Plasma- und Staub-umgebung des Kometen.

• *Suisei* (Annäherung auf ca. 100 000 km am 8. März 1986), eine auch *Planet-A* genannte und am 14. April 1985 gestartete japanische Sonde, mit der Wasserstoff in der Kometen-umgebung, Sonnenwindparameter und die Plasma-Wechsel-wirkungen mit der ionisierten Koma untersucht wurden. Übrigens ergaben die Suisei-Beobachtungen periodische Ver-änderungen im kometennahen und vom Kometen stammen-den Wasserstoff Hinweise auf eine 2,2-Tage Rotationsperiode des Kometenkerns.

• *VEGA-2* (Annäherung auf 8030 km am 9. März 1986), quasi ein Duplikat von VEGA-1, das am 21. Dezember 1984 gestartet wurde und während des Vorbeifluges am Kometen mit 76,8 km/s Differenzgeschwindigkeit erstmals Bilder von den Strukturen eines Kometenkern zeigte, ebenso von seiner Oberfläche mit ihren nahezu punktförmigen und z. T. mit-einander verbundenen aktiven Gebieten sowie von den aus der Kometenoberfläche ausgehenden „Jets" aus Gas und Staub (vgl. Abb. 6 und 7a). Seit VEGA-2 gilt es als sicher, daß es sich bei Kometenkernen um feste Körper handelt. VEGA-2 befindet sich seither in einer solaren Umlaufbahn.

• *Sakigake* (Annäherung auf nahezu 15 Millionen Kilometer am 11. März 1986), eine auch *MS-T 5* genannte japanische Sonde, die zum Zeitpunkt der Kometenannäherung der an-

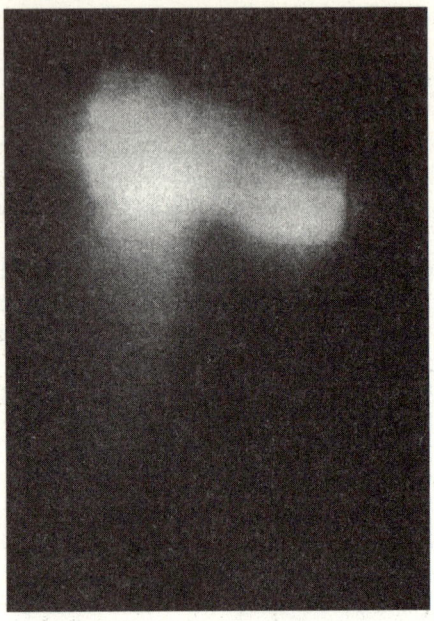

Abb. 6: Komet *Halley* und seine Umgebung. Dieses Originalbild wurde von der Sonde VEGA-2 aufgenommen und ist das historisch erste Bild eines Kometenkerns, das Details der Figur und Oberfläche zeigt.

deren Sonden vor dem Kometen in Richtung Sonne stand und dort die Eigenschaften des heranströmenden Sonnenwindes vermaß, um so exakter die Wechselwirkung des Sonnenwindes mit der Plasmaumgebung des Kometen untersuchen zu können.

• *Giotto* (Annäherung auf ungefähr 600 km am 14. März 1986), eine von der ESA getragene Mission, die ähnlich den VEGA-Sonden mit einer Vielzahl von Geräten zum optischen und spektroskopischen, plasmaphysikalischen und staubbezogenen Studium des Kometen und seiner Umgebung ausgerüstet war. Die Giotto-Sonde lieferte die qualitativ besten Bilder des Kometen und seiner Oberfläche mit Auflösungen bis in den 100-Meter-Bereich (vgl. Abb. 7). Die Vorbeiflug-

 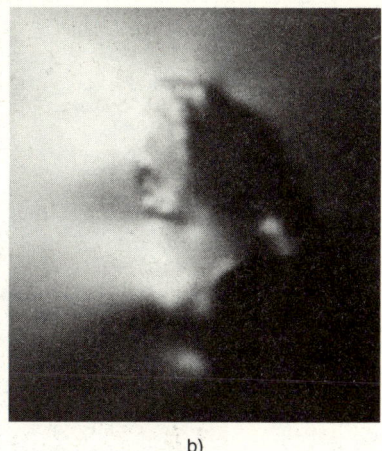

a)   b)

Abb. 7: Bilder des Kometen *Halley*, aufgenommen von der Halley Multicolour Camera an Bord der Giotto-Sonde (zur Verfügung gestellt durch H.U. Keller, MPI für Aeronomie). a – die Umgebung des Kometenkerns mit Jets, b – Oberflächenstrukturen des Kometenkerns

Differenzgeschwindigkeit der Giotto-Sonde betrug 68,4 km/s. Bei diesem schnellen und vergleichsweise nahen Vorbeiflug wurde die Sonde von einem ca. 1 mm großen „Staubkorn" getroffen und so gestört, daß z.B. keine weiteren Bilder mehr gewonnen werden konnten. Da die Giotto-Sonde auf ihrer Bahn um die Sonne noch an einen weiteren Kometen herangeführt werden konnte, nämlich am 10. Juli 1992 bis auf nur ca. 200 km Abstand an den Kometen P/*Grigg-Skjellerup*, gelangen mit ihr noch einmal plasma-physikalisch relevante Messungen auch an diesem Kometen.

Zu erwähnen ist auch der amerikanische *International Cometary Explorer* (ICE), ursprünglich der dritte International Sun-Earth Explorer ISEE-3 zur Überwachung des Sonnenwind-Plasmas vor der Erde, der aus seinem dortigen Beobachtungsort im Librationspunkt zwischen Sonne und Erde mit recht komplizierten Bahnmanövern im Erde-Mond-System auf eine Bahn zum Kometen P/*Giacobini-Zinner* gebracht

51

Komet Halley

Bahnelemente (bezogen auf das Jahr 2000):

Periheldistanz q		0,5863 AE
Exzentrizität e		0,9673
Perihelwinkel ω		112,43°
Knotenwinkel Ω		58,80°
Bahnneigung i	162.19°	(also retrograd da >90°)
Periheldurchgang T		1986,11

Weitere bahnbezogene Eigenschaften:

Apheldistanz Q	35,3 AE
Absolute Helligkeit (bei 1 AE Abstand von Erde und Sonne)	$8,5^m$
Bahngeschwindigkeit im Perihel	54,55 km/s
Bahngeschwindigkeit im Aphel	0,91 km/s
Maximale Entfernung von der Ekliptik	+ 0,17 AE (nördlich) 9,99 AE (südlich)

Erste überlieferte Beobachtung:	25. Mai 240 v.u.Z.
Bisher größe Helligkeit (ungefähr):	-1^m (21. März 1066)
Bisher größte Erdannäherung:	0,033 AE (10. April 1837)
Bisher längste Umlaufzeit:	79,29 Jahre (451)
Bisher kürzeste Umlaufzeit:	76,06 Jahre (1607)
Assoziierte Meteorströme:	Eta-Aquariden, Orioniden

Eigenschaften des Kerns:

Ausgasungsrate Q [1986, Perihel]	$(6–7) \, 10^{29}$ Moleküle pro Sekunde
Durchmesser (annäherndes dreiachsiges Ellipsoid)	16 km, 8 km, 7,5 km
Kernvolumen	$(550 \pm 165) \, km^3$
Kernoberfläche	$(400 \pm 80) \, km^2$
Kernmasse	ca. $(1,5\text{-}3) \, 10^{14}$ kg
Kern-Massendichte	$(360 \pm 120) \, kg/m^3$ bei $m = 2 \cdot 10^{14}$ kg
Albedo	0.03
Aktive Oberfläche	ca. $40 \, km^2$ (10% der Oberfl.)
Rotationsperiode (um die kurze Achse)	2,2 Tage
Präzessionsperiode (um die lange Achse)	7,4 Tage
Massenverlust 1986er Sonnenannäherung	$\approx 10^{12}$ kg

Tab. 2: Charakteristika des Kometen P/*Halley*

wurde. Den Plasma-Schweif des Kometen P/*Giacobini-Zinner*
passierte er am 11. September 1985, und er lieferte erstmalig
Plasmamessungen aus einer kometaren Umgebung. Ähnlich
Sakigake, aber in ca. 30 Millionen Kilometer Entfernung vom
Kometen *Halley* (größte Annäherung am 25. März) stand ICE
im März 1986 zwischen Sonne und Komet *Halley*.

Die von diesen Sonden gewonnen wissenschaftlichen Daten
haben das moderne Verständnis der Kometen erheblich vor-
angebracht. Der weitaus größte Teil der in diesem Buch vorgestellten Überlegungen und Ergebnisse basiert auf diesen
Daten. Aber mit den nahen Vorbeiflügen wissenschaftlicher
Sonden an den oben genannten Kometenkernen, insbesondere
am Kometen *Halley*, ist die aktuelle Geschichte des Kometen
Halley noch nicht zu Ende. Bei seinem „Rückflug" in das
äußere Sonnensystem zeigte dieser Komet ein weiteres interessantes Phänomen. Er wurde Anfang Februar 1991 kurz-
zeitig wieder hell, also aktiv, und zwar in einer Entfernung
von ungefähr 14 AE oder ca. $2 \cdot 10^{12}$ m von der Sonne, was
einer Entfernung zwischen Saturn und Uranus entspricht, aber
wegen der Bahnneigung von 162° bereits deutlich „unterhalb", also südlich der Ekliptik. Die Helligkeit, die eigentlich die 25. Größenordnung hatte, steigerte sich um das
300fache, und die diese Helligkeit verursachende beobacht-
bare Hülle aus Staub- und Eispartikeln um den Kometenkern hatte einen Durchmesser von ungefähr 100 000 Kilometern. Die Ursache für diesen Ausbruch ist gegenwärtig
noch unklar.

Genauere Aufklärung hierüber wird man wohl erst im
Jahre 2061 anläßlich seiner nächsten Wiederkehr in das innere
Sonnensystem erhalten können (Periheldurchgang 28. Juli
2061). Von besonderem Interesse ist dabei natürlich, ob der
Kometenkern, so wie er 1986 beobachtbar war, diesen Aus-
bruch unbeschadet überstanden hat oder zerfallen ist. Ein
Beispiel für Zerfälle noch in derartig großen Abständen von
der Sonne ist der Kometen 1957 VI *Wirtanen*, der in 9,25 AE
Sonnenentfernung zerfiel.

2. Der Komet *Shoemaker-Levy 9*

Einer der interessantesten Kometen der neunziger Jahre unseres Jahrhunderts war der Komet *Shoemaker-Levy 9*, der gleichzeitig mehrere der bei Kometen beobachtbaren besonderen Phänomene aufwies. So wurde er vom Jupiter eingefangen und damit Mitglied der Kometenfamilie des Jupiter. Dann kam er dem Jupiter so nahe, daß er durch die auftretenden Gezeitenkräfte in über zwanzig Bruchstücke zerrissen wurde. Diese vielen kleineren Körper kamen dabei auf eine Bahn, auf der sie mit dem Jupiter, oder genauer gesagt, mit dessen oberer Atmosphäre kollidierten und dort zu sichtbaren Phänomenen und zeitweiligen Veränderungen führten. Da sich dies von der Erde und von Satelliten aus gut beobachten ließ, zählte dies zu den besonders spektakulären Ereignissen im Jahre 1994.

Entdeckung und Zerfall

Zu den gegenwärtig sehr aktiven amerikanischen „Kometenjägern" zählen das Ehepaar Carolyn S. und Eugene M. Shoemaker sowie seit 1989 David H. Levy, die mit einem Teleskop auf dem Mt. Palomar Kometen und Asteroiden suchen und beobachten und zusammen bereits 13 Kometen entdeckt haben.

In der Nacht des 23. März 1993 führten die drei ihr normales Beobachtungsprogramm durch, wobei sie auch Aufnahmen von ihren Standardfeldern in der Nähe des Jupiter machten. Sinn und Zweck solcher wiederholt fotografierten Standdardfelder ist, die von den gleichen Gebieten zu unterschiedlichen Zeiten gemachten Aufnahmen zu vergleichen, um so bewegliche Objekte, wie Asteroiden und Kometen, zu identifizieren. Der Vergleich der Bilder aus unterschiedlichen Zeiten erfolgt dann z. B. durch Betrachtung in einem Stereomikroskop, bei dem das Objekt, das sich bewegt hat, plötzlich im räumlichen Eindruck tief im Raum steht, oder auch mit „Blinkkomparatoren", bei welchen bei abwechselnder Beleuchtung beider Platten die Fixsterne als unveränderlich erscheinen, die Objekte aber, die sich bewegt hatten, wegen ihrer unterschiedlichen Positionen abwechselnd aufleuchten.

Die Fotografien des 23. März wurden zwei Tage später von Carolyn Shoemaker mit dem Stereomikroskop ausgewertet, und sie fand etwas, das nach ihren Worten aussah wie ein „zerquetschter Komet", denn das Objekt zeigte anstelle einer Koma eine langgestreckte Sequenz von Halos, deren überlappende Schweife alle in eine Richtung wiesen. Der sofort informierte James V. Scotti von der Universität von Arizona sah sich das seltsame Objekt mit einem besser auflösenden Teleskop an, und er erkannte eine Ansammlung mehrerer Kometenkerne. Die Shoemakers und David Levy informierten umgehend mit einem entsprechenden Bericht an Brian Marsden am CBAT über ihre Entdeckung. Der neue Komet wurde, da er der neunte gemeinsam entdeckte Komet dieser Gruppe war, als P/*Shoemaker-Levy 9* bzw. 1993e bezeichnet. Der Kürze halber sei er im Folgenden einfach S-L 9 genannt. Mit dem 2,2-Meter-Spiegelteleskop der Universität von Hawaii in Manoa erhielten dann Jane Luu und David Jewitt eine sehr hochauflösende Aufnahme des merkwürdigen Objektes, auf der sie nach eigenen Worten eine Reihe von Kometen „wie Perlen auf einer Schnur" sahen (vgl. Abb. 8). Was aber war die Ursache für dieses noch nie beobachtete Phänomen?

Die seit der Entdeckung von S-L 9 angestellten Bahnberechnungen brachten etwas sehr Interessantes zutage. Demnach hatte sich der ursprüngliche Komet S-L 9, der vermutlich aus dem äußeren Planetensystem hinter Neptun kam, auf seiner Bahn unter dem störenden Einfluß der großen Planeten möglicherweise im Jahre 1929 dem Jupiter so stark angenähert, daß ihn dieser mit seiner Gravitation und bei geeigneter Konstellation mit der Sonne, einfangen konnte. Solch ein Einfangen ist beim „Dreikörperproblem" möglich, da zwei der beteiligten Körper Energie so an den Dritten abgeben können, daß sie danach gravitativ aneinander gebunden bleiben. Nach diesem Einfangen bewegte sich der Komet auf einer Bahn mit einer Umlaufzeit von etwa zwei Jahren, quasi als ein weit entfernter Mond, um den Riesenplaneten. Diese weiterhin durch die Sonne gestörte Bahn veränderte sich so, daß der Komet etwa sieben Monate vor der oben dargestellten Entdeckung dann dem Jupiter auf 1,6 Jupiterradien, also auf ca. 110000 km, nahe kam. Die bei solchen starken Annäherungen auftretenden Gezeitenkräfte hatten diesen Kometenkern dann in eine Anzahl von Bruchstücken zerlegt, die sich nun hintereinander auf praktisch gleichen und extrem elliptischen Bahnen um den Jupiter bewegten, wobei zumindest die größeren Bruchstücke nun den Eindruck eigenständiger Kometen mit einer Staub-Koma und einem Kern machten. Insgesamt wurden 21 solcher eigenständigen Körper astronomisch nachweisbar, sie wurden mit den Buchstaben des Alphabetes von A bis W bezeichnet, wobei I und O nicht verwendet wurden. Auf der folgenden Abbildung sind diese Komponenten dargestellt, J und M sind dabei nicht zu erkennen.

Am linken Rand dieses aus mehreren Aufnahmen zusammengesetzten Bildes befindet sich die Komponente A, während der U-Kern gerade noch am rechten Rand erkennbar ist. Die Komponenten P und Q sind noch einmal zu unterteilen in P1, P2, Q1 und O2, die aus dem weiteren Zerfall dieser Teile resultieren.

Anhand der Bahnberechnungen stellte sich noch ein weiteres, aufregendes Ergebnis heraus, nämlich daß sich diese Kometenfragmente nunmehr auf einem Kollisionskurs mit

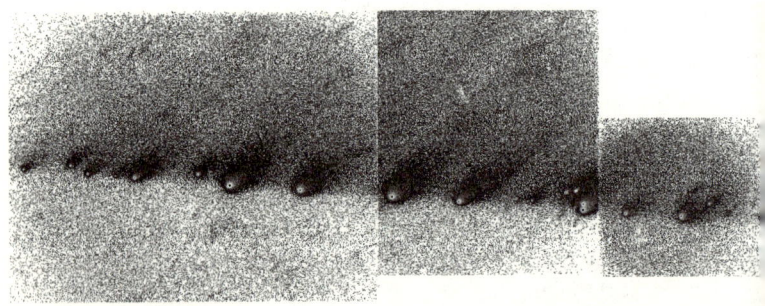

Abb. 8: „Perlenschnur" der Teile des Kometen Shoemaker-Levy (Photo: Hubble Space Telescope)

Jupiter befanden. Im Sommer 1994 sollten sie in die Atmosphäre des Jupiter mit einer Geschwindigkeit von ca. 60 km/s hineinschießen und damit erstmals die Beobachtung eines solchen Einschlags ermöglichen, wie er bei Jupiter statistisch nur ungefähr einmal in einigen tausend Jahren zu erwarten ist.

Die Auswertungen des nahen Vorüberganges im Jahre 1992 am Jupiter erbrachten übrigens interessante Ergebnisse über die innere Festigkeit von Kometen, zumindest aber dieses Körpers, denn die auf dieser Bahn an dem ursprünglichen Kometen wirkenden Gezeitenkräfte ließen sich berechnen, wodurch auch ein oberer Wert für dessen innere Bindungskräfte bzw. -spannungen gefunden werden konnte, die diesen externen Kräften nicht standzuhalten vermochten. Damit war bestätigt, was sich vorher schon anhand von Kometen andeutete, die der Sonne sehr nahe kamen und unter dem Einfuß dieser Gezeitenkräfte zerfielen, daß nämlich die inneren Bindungskräfte von Kometen bemerkenswert gering sind, Kometen also sehr locker gebundene Körper sind.

Aus der Länge der „Perlenkette" der Trümmer, die proportional zu den Ausmaßen des ursprünglichern Körpers sein sollte, leiteten übrigens Scotti und Mellosh ab, daß der Durchmesser des zerrissenen Kerns nur etwa zwei Kilometer betragen haben soll. Genauere Beobachtungen mit dem Hubble-Teleskop zeigten dann jedoch, daß die größten der Fragmente selbst noch Durchmesser von ein bis zwei Kilometer gehabt haben sollten, was auf einen ursprünglichen Kerndurchmesser zwischen 3–5 Kilometern hinweist. Eine andere interessante Schlußfolgerung aus dem „Perlenketten-Phänomen" wurde von Melosh und Schenk gezogen. Sie erklärten die z. B. auf den Jupitermonden Ganymed und Kallisto beobachtete linienartige Aufreihung mehrerer Einschlagkrater als Folge des Einschlages solcher durch Gezeitenwirkungen aus Kometen entstandener Ketten kleinerer Körper. Die Abschätzung der jeweiligen Größen der ursprünglichen Körper aus ihren, für die Einschlagspuren verantwortlichen Trümmern führte zu dem Ergebnis, daß diese Kometen im Mittel Durchmesser von nicht mehr als zehn Kilometern hatten. Solche benachbarten

Einschlagskrater sind uns auch von der Erde her bekannt, ein Beispiel die beiden Krater „Clearwater-West" und „Clearwater-Ost" in Kanada mit Durchmessern von 32 km bzw. 22 km. Diese Einschläge könnten also auch von einem in Erdnähe zerrissenen Kometenkern stammen. Die Anreicherungsmuster der diesem Einschlag zugeordneten chemischen Elemente weisen in der Tat auf einen den primitiven chondritischen Meteoriten ähnlichen Körper hin.

Aber das „Perlketten-Phänomen" ließ noch weitere Spekulationen zu. Asphaug und Benz zeigten mit numerischen Simulationen, daß die zerrissenen Teile anfänglich infolge ihrer gegenseitigen Nähe und Eigengravitation durchaus die Tendenz haben können, wieder zu größeren Klumpen zu koagulieren. Die neu entstandenen Klumpen sind dann praktisch sehr locker „gebunden", ihr Zusammenhalt beruht nur auf der vergleichsweise schwachen Eigengravitation. Die Zahl der sich bildenden Klumpen ergab sich in diesen Modellrechnungen als Funktion der Dichte des ursprünglichen Körpers. Und aus der beobachteten Zahl von 21 „Klumpen" ergibt sich eine Dichte von ca. 500 kg m^{-3}, was den aus den Halley-Daten abgeleiteten geringen Dichten zu entsprechen scheint. Offen blieb natürlich noch, ob die beobachteten Körper wirklich solche locker gebundenen Klumpen oder doch festere Körper sind. Die Entscheidung dieser Frage sollte sich aber aus der Art und Weise der Explosion bzw. des Auflösens dieser Körper während ihres späteren Eintrittes in die Jupiteratmosphäre ableiten lassen, denn eine lockere Ansammlung kleiner Körper würde doch „wie ein Sternschnuppenhaufen" weit oben in der Atmosphäre „verrauchen", während ein kompakterer Körper tiefer eindringen und eine lokal wesentlich stärkere Explosion verursachen sollte. Auf die entsprechenden Ergebnisse der Beobachtungen während der „Einschläge" in die Jupiteratmosphäre wird im folgenden Abschnitt eingegangen.

Ein anderer Aspekt der Zerteilung von SL-9 in Körper von einigen hundert Metern oder etwa einem Kilometer Durchmesser wurde von Weidenschilling diskutiert. Körper dieser Größe sollten gemäß seinem Modell im frühen äußeren Sonnensystem in einem Zweistufenprozeß entstanden sein, bei dem zuerst eine Anlagerung vieler kleiner, anfangs staubartiger, zu wenigen größeren Körpern infolge gegenseitiger Stöße erfolgte, und bei dem in der zweiten Etappe das Wachstum infolge der gegenseitigen gravitativen Wechselwirkung dieser Körper über eine „gravitative Instabilität" bis hin zu Körpern der oben genannten Größe verlief. In diesem Rahmen sah Weidenschilling im Sinne des Sandbank-Modells oder von Paul Weissmans Ansatz die Kometenkerne als „rubble piles" oder „Trümmeransammlungen", in denen eine Vielzahl unterschiedlicher Körper im wesentlichen nur gravitativ gebunden zusammenhalten. Allerdings hat Weidenschilling die Wirksamkeit der kollektiven gravitativen Instabilität später selbst wieder in Frage gestellt.

Ein ähnliches „building block"-Modell, bei dem angenommen wird, daß ein Kometenkern aus relativ wenigen großen Einzelkörpern bzw. „Bausteinen" zusammengesetzt ist, habe ich selbst vorgeschlagen, wobei die nur lokale Aktivität von Kometen und die zumindest in „Schwächezonen" zwischen den so definierten Blöcken vermutete, geringe interne Bindungsspannung eines Eis-Mineral-Gemisches Ausgangspunkte der Modellbildung waren, da allein die Eigengravitation als Bindung als zu klein angesehen wird. Als zusätzliches Argument für die Existenz von „Bausteinen" oder „Blöcken" mit Radien im Bereich von mehreren hundert Metern bis zu wenigen Kilometern kann angeführt werden, daß gerade bei diesen Größen die gravitative Bindung eines Ensembles sich über „Anlagerungsstöße" kleinerer Einheiten bildender Kometen infolge der mit der wachsenden Masse ansteigenden Relativgeschwindigkeit aufgelöst wird.

Der Zusammenstoß mit Jupiter

Um den Aufprall der Trümmer von SL-9 auf die Jupiteratmosphäre verfolgen zu können, standen, dirigiert durch die elektronischen Nachrichten von Marsden vom CBAT, eine große Zahl terrestrischer Teleskope zur Verfügung. Verstärkt wurden sie sowohl durch das Hubble-Teleskop, das mit seiner hochauflösenden Optik von seiner Bahn um die Erde aus diese Ereignisse beobachtete, als auch von der Raumsonde GALILEO, die auf ihrem Weg zu Jupiter mit der an Bord befindlichen Kamera ebenfalls in der Lage war, jene Einschläge zu beobachten und die entsprechenden Bilder zur Erde zu senden. Erstmals konnten bei so einem wissenschaftlich spektakulären Ereignis ohne große zeitliche Verspätung erhaltene Informationen über das Internet global allen Interessenten schnell und direkt zugänglich gemacht werden.

Die Parade der Einschläge, die jeweils mit einer Geschwindigkeit von ca. 60 km/s erfolgten, begann am 16. Juli 1994 mit dem Bruchstück „A" und dem Nachweis einer resultierenden riesigen Gasfontäne, die mehr als 3000 km über die Wolkenschicht des Planeten hinausschoß. In der Atmosphäre zeigte sich im Sichtbaren ein Loch von ungefähr Erdgröße, an dem sich im Zentrum ein länglicher Streifen entwickelte, während ein expandierender dunkler Ring und eine sichelförmige oder „pferdehufförmige" äußere Wolke erkennbar wurden. Diese sichelförmigen Gebilde werden als Wolke zurückfallender Teilchen interpretiert, die sich dunkel vor dem helleren Hintergrund der Wolkenoberfläche abheben. Im Infrarotbereich des Methans zeigte sich der dunkle Ring hell vor dem Hintergrund des Planeten, er war also von atmosphärischer Konsistenz.

Im Gegensatz zu diesem ersten „Paukenschlag" waren die Auswirkungen des während der vielen vorherigen astronomischen Beobachtungen bis um einen Faktor zwei helleren Bruchstückes „B" vergleichsweise schwach. Die erzeugte Gasfontäne war viel kleiner. Im Vergleich zu dem vermutlich recht kompakten Körper „A" handelte es sich hier wohl eher um einen Schwarm kleinerer Einzelkörper, die aus dem Kern „B" während der Annäherung resultierten, die dann zu so etwas wie einem großen Meteorschauer geführt hatten, und die somit ihre Energie nicht konzentriert, sondern verteilt, und damit nicht so „effektiv" abgegeben hatten. Die Einschläge der Kerne „C" und „E" waren dann wieder von starken Gasfontänen („Explosionspilzen", „Feuerbällen") begleitet.

Besonderes Interesse galt dem Einschlag des Teilstückes „G", das wegen seiner vorherigen astronomischen Helligkeit auf ein besonders starkes Ereignis hoffen ließ. Die Bilder vom Hubble-Teleskop zeigten dann auch Einschlagspuren, die deutlich größer als bei „A", „C" und „E" waren. Um den Einschlagsort entwickelten sich die bereits erwähnten Ringe in der Atmosphäre, die sich mit einer relativ geringen Geschwindigkeit von ca. 450 m/s vom zentralen Fleck wegbewegten, und die bei einer solchen Geschwindigkeit offenbar keine Schallwellen sein konnten, die in diesen atmosphärischen Gebieten Geschwindigkeiten um 1 km/s haben. Offenbar handelt es sich hier um Oberflächenwellen der oberen Wolkenschichten, die durch den Einschlag verursacht wurden, analog denen, die z. B. auf einer Wasseroberfläche beim Einschlag eines Steins entstehen.

Interessant waren auch die großen Einschläge von „H", „K" und „L", bei denen bereits ein „Glimmen" in der Atmosphäre vor dem eigentlichen Einschlag beobachtbar wurde. Offenbar befanden sich auf der Einschlagsbahn nicht nur die durch astronomische Beobachtungen bereits bekannten größeren Körper, sondern auch eine Vielzahl kleinerer Objekte, die in der Jupiteratmosphäre so etwas wie einen großen „Sternschnuppen-Regen" erzeugten, der bereits die Atmosphäre aufheizte. Den größten Einschlagsfleck erzeugte übrigens der Kern „L", dessen Einschlagsfleck, wie auch die der anderen großen Einschläge, bereits mit kleinen Teleskopen von der Erde aus sichtbar war. Das seltene Schauspiel der Atmosphäreneinschläge wurde so auch ein Objekt für die Amateurastronomen.

Der letzte große Zusammenstoß erfolgte dann am 22. Juli mit dem Trümmerstück „W", der von der interplanetaren Sonde GALILEO gut beobachtbar war. Die übermittelte Bildfolge zeigte zuerst den aufglühenden Meteor und dann die aufsteigende Gasfontäne.

Die Folgen der Einschläge in die Atmosphäre waren übrigens keine schnell abklingenden Erscheinungen, sie blieben zur Überraschung der Astronomen noch über viele Monate hinaus beobachtbar. Der Energieumsatz und Materieeintrag waren offenbar größer als ursprünglich mit Trümmern im Größenbereich einiger hundert Meter angenommen. Die bei den Einschlägen freigesetzten Energien lassen bei den Einschlagsgeschwindigkeiten von ungefähr 60 km/s übrigens auf die Größe der „Trümmerstücke" schließen. Es wurden Durchmesser von leicht über einem Kilometer für die großen Einschlagskörper geschätzt.

Die bereits erwähnten Unterschiede der Einschlags-Phänomene werden als Hinweis darauf verstanden, daß die Kometen, zumindest aber dieser ehemalige Komet SL-9, recht inhomogen zusammengesetzte Körper sind, da die verschiedenen Trümmerstücke zu völlig unterschiedlich intensiven Phänomenen in der Atmosphäre führten. Andererseits zeigten die einzelnen der um die Kerne vor den Einschlägen vorhandenen Staubwolken bei den vorhergehenden Beobachtungen keinerlei Unterschiede, so daß neben den demgemäß geringen eventuellen Unterschieden in der Zusammensetzung möglicherweise insbesondere der mechanische „Zerrüttungszustand" der einzelnen Körper für die Unterschiedlichkeit der Einschlags-Erscheinungen verantwortlich war. Damit wird bestätigt, was bereits aus Zerfällen infolge von Gezeitenkräften oder auch bei Feuerbällen in der Erdatmosphäre, die Resten von Kometen zugeschrieben werden, abgeleitet wurde, nämlich daß Kometen nur sehr leicht gebundene bzw. „brüchige" Körper sind.

Aus diesem Modell resultiert auch, daß sich zumindest einige der Kerne bereits vor ihrem Einschlag in die Atmosphäre unter den auftretenden und zunehmenden Spannungen noch weiter zerlegt haben sollten. Dafür spricht u. a. auch der Beobachtungsbefund, daß die Bilder der einzelnen Komponenten in den letzten Tagen vor den jeweiligen Einschlägen anfingen, sich in Richtung Jupiter auszudehnen, was aber zumindest teilweise auch mit der Dynamik des die Teilkerne umgebenden Staubes zusammenhängen kann. Dies wird auch durch das Helligkeitsverhalten einiger Gasfontänen direkt bestätigt, die, wie z. B. bei den „L"- und „R"-Kernen, deutliche kurzzeitige Aufhellungen zeigten, und damit auf multiple Einschläge hinweisen.

Die explosionsartigen Gasfontänen, die sich infolge der Einschläge über der Atmosphäre ausbreiteten, wiesen anfangs relativ hohe Temperaturen bis zu 10000 K auf, wobei sie sich infolge der Expansion und Abstrahlung schnell abkühlten. Ihr Helligkeitsmaximum erreichten sie bei diesem Gegenspiel von expansionsbedingter Helligkeitszunahme und Kühlung infolge Abstrahlung und Expansion ca. 10 Minuten bis 15 Minuten nach dem Einschlag. Die verbleibenden Partikel formten dann letztlich „pfannkuchenförmige" Wolken, die, noch über viele Monate beobachtbar, sich oberhalb der eigentlichen Wolkenschicht im Druckbereich um 1 Millibar bewegten. Beobachtungen im UV weisen darauf hin, daß sie vor allem aus Aerosolen und nicht aus Molekülen bestehen. Sie erscheinen vor der hellen Jupiteratmosphäre als dunkle Gebilde.

Mit den Einschlags-Explosionen wurden auch große Mengen von Gasen aus tieferen Schichten der Jupiteratmosphäre nach oben geschleudert und so erstmals der Beobachtung und der spektralanalytischen Untersuchung zugänglich. Dabei war es freilich schwer, Gase kometaren Ursprungs von denen der Jupiteratmosphäre zu trennen. So wurde aber immerhin erstmals die vermutete Existenz von Schwefel in der unteren Jupiteratmosphäre nachgewiesen, andererseits gelang aber der Nachweis von kometarem Wasser nicht, das unterhalb der Nachweisgrenze der Geräte blieb. Offenbar war es aber auch nicht in größeren Mengen in den von den Feuerkugeln erreichten tieferen Schichten der Jupiteratmosphäre vorhanden, aus denen es mit den Gasfontänen nach oben geschleudert worden wäre. Das letztgenannte Ergebnis wurde im Jahre 1996 übrigens durch direkte Messungen von Bord der GALILEO-Sonde aus am Jupiter bestätigt.

3. Die Jupiterfamilie

Das im vorhergehenden Abschnitt dargestellte Schicksal des Kometen SL-9 hat bereits den großen Einfluß des Jupiter auf die Kometen sichtbar gemacht. Und in der Tat, SL-9 war durchaus kein Einzelfall. Ähnlich nahe Jupiter-Vorübergänge von Kometen ereigneten sich beim Kometen *Lexell* (1770 I), der der Erde am 28. Juni 1770 bis auf den sechsfachen Mondabstand sehr nahe kam, im Jahre 1776 mit einem ungefähren

Jupiter-Abstand von nur 230 000 km, und auch bei dem Kometen *Brooks 2*, der sich im Jahre 1886 dem Jupiter bis auf 150 000 km genährt haben muß. Mit dieser großen Annäherung sind Zerfallsprozesse infolge der Gezeitenkräfte und starke Bahnveränderungen verbunden. Der Komet *Lexell* könnte übrigens, falls er den Vorbeiflug am Jupiter ohne Teilungen überlebt hat, wieder in das äußere Sonnensystem „zurückgestreut" worden sein.

Die meisten der in das innere Sonnensystem abgelenkten Kometen kommen aber dem Jupiter nicht so nahe. Aber merkliche Bahnstörungen sind auch noch bei größeren Abständen möglich, beim Jupiter bis hin zu Entfernungen von etwa einer halben Astronomischen Einheit. Es ist daher nicht verwunderlich, wenn dem Jupiter innerhalb der kurzperiodischen Kometen, auf deren Bahnverteilung der Jupiter mit seiner großen Masse zwangsläufig einen merklichen Einfluß hat, eine „Kometenfamilie" zugeschrieben wird, die aus Kometen besteht, deren Umlaufzeiten unter 20 Jahren liegen und deren Apheldistanzen Beträge zwischen 5 AE und 7 AE haben (vgl. Abb. 14).

Naheliegend ist es in diesem Zusammenhang auch, nach Kometenfamilien anderer großer Planeten zu suchen. Allerdings heben sich diese bei dem heutigen Datenmaterial noch nicht ausreichend vom „statistischen Rauschen" ab, so daß ihre durchaus plausible und zumindest zeitweise Existenz noch nicht als gesichert gelten kann, obwohl es für die drei großen Planeten außerhalb des Jupiters bereits einige Kandidaten gibt.

Derartige Spekulationen können natürlich fortgesetzt werden und aus dem bekannten Planetensystem hinausführen. So gibt es verschiedene Versuche, auf diesem Wege über die jeweiligen Kometenfamilien noch transplutonische Planeten nachzuweisen. Diese Anstrengungen sind jedoch bis heute nicht erfolgreich verlaufen, und die bisherigen astronomischen Beobachtungen im Infrarot-Bereich, in dem solche großen transplutonischen Planeten mit ihrer Eigenstrahlung nachweisbar sein müßten, die aber nicht zur Entdeckung solcher Körper führten, haben die Existenz großer Planeten außerhalb des Neptun bereits sehr unwahrscheinlich werden lassen.

Komet	Zerfallsdatum	Letzte Beobachtung	
		Kleine Komponente	Große Komponente
Biela	1840	Sept. 1852	Sept. 1852
*	1849/50	noch beob.	noch beob.
Brooks 2	1886–88	Nov. 1889	noch beob.
Giacobini	Apr. 1896	Okt. 1896	Jan. 1897
Taylor	Dez. 1915	März 1916	noch beob.
duToit-Hartley	Dez. 1976	Mai 1982	noch beob.
Chernykh	Apr. 1991	?	noch beob.

Tab. 3: Zerfallene Kometen der Jupiterfamilie. Der „*" weist auf den Vorgänger von *Neujmin 3* und *Van Biesbroeck* hin.

4. Der Komet 46P/*Wirtanen*

Der Komet 46P/*Wirtanen* ist der Zielkomet der ROSETTA-Mission der ESA, mit der dieser Komet vom Jahre 2011 an sowohl von einem Orbiter aus als auch direkt an der Oberfläche mit einem Lander untersucht werden soll. Die wenigen bisher über diesen Kometen bekannten Fakten sollen wegen seiner besonderen Rolle hier nicht unerwähnt bleiben.

Dieser Komet wurde von Wirtanen im Jahre 1948 am Lick Observatorium (Mount Hamilton, Kalifornien) auf fotografischen Durchmusterungsaufnahmen entdeckt. Es ist dies übrigens der einzige kurzperiodische Komet, der von dem recht erfolgreichen „Kometenjäger" Wirtanen entdeckt wurde, so daß er die Bezeichnung P/*Wirtanen* erhielt, denn die Bezeichnung P/*Wirtanen 1* ist in einem solchen Falle nicht üblich. Die mehreren anderen, ebenfalls von Wirtanen entdeckten Kometen bewegen sich kurioserweise alle auf nahezu parabolischen Bahnen, wie z.B. *Wirtanen 1947 VI*, *Wirtanen 1947 VIII* und *Wirtanen 1957 VI*, so daß sie nicht zu den kurzperiodischen Kometen gezählt werden konnten und daher auch kein P/ vor dem Namen erhielten.

Der Komet P/*Wirtanen* gehört zur Jupiterfamilie der kurzperiodischen Kometen, und seine Bahn wurde in den letzten Jahrhunderten unter dem Einfluß des Jupiter bereits wesentlich verändert. Die letzten großen Störungen erfolgten in den Jahren 1972 und 1984 mit 0,276 AE bzw. 0,463 AE Minimalabstand vom Jupiter. Die Umlaufzeit veränderte sich dabei z.B. von 6,7 Jahren (1950) auf 5,45 Jahre (2000). Die nächste große Annäherung an den Jupiter wird im Jahre 2054 stattfinden, mit einem Minimalabstand von nur 0,11 AE. Dabei dürfte dann sein Perihelabstand von jetzt ca. 1 AE auf über 2 AE angehoben werden. Der Komet befindet sich auf einer „chaotischen" Bahn, die nur eng begrenzte Rückwärts- oder Vorausberechnungen der Bahn zuläßt, denn bereits minimale Änderungen in den Bahnparametern können wegen der dann verschieden starken Annäherungen an den störenden Jupiter zu gravierenden Unterschieden in den resultierenden Bahnen führen. Dabei ist zu berücksichtigen, daß solche kleinen Änderungen bereits als Folge der nichtgravitativen Bahnstörungen schon durch die „raketenartige" Beschleunigung des Kometen im Zusammenhang mit seinem aktivitäts- bedingten Massenausstoß entstehen können. Die nächste Wiederkehr steht mit dem Periheldurchgang im März 1997 bevor. Wegen des großen Interesses an der ROSETTA-Mission wird diese nächste Annäherung intensiv genutzt werden, um durch astronomische Beobachtungen sowohl von der Erde als auch beispielsweise vom Hubble-Teleskop aus mehr über diesen Kometen zu erfahren.

Die bisher aktuellste Zusammenstellung der Beobachtungs- ergebnisse vom P/*Wirtanen* wurde von Jorda und Rickman gegeben. Demgemäß ist der Komet rund ± 100 Tage um das Perihel herum aktiv. Er zeigt meßbare nichtgravitative Be- schleunigungen infolge seiner Aktivität. Die beobachteten Werte weisen auf eine möglicherweise retrograde Rotation des Kometenkerns hin. Der Kern von P/*Wirtanen* ist offenbar bemerkenswert klein.

Die resultierenden Abschätzungen für den Radius führen zu Werten zwischen 1,5 km und minimal etwa 650 m, allerdings wäre dann praktisch die gesamte Oberfläche aktiv, was ver- mutlich nicht der Fall ist. Ein so kleiner Körper ist mögli- cherweise kein „ursprünglicher" Kometenkern mehr, sondern wahrscheinlich ein Überbleibsel von Zerfallsprozessen, wie sie auch bei den Kometen der Jupiterfamilie recht häufig sind. Somit könnte es sich bei diesem Kometenkern um einen der in einigen Kometenmodellen vermuteten kilometergroßen Bausteine („building blocks") der Kometenkerne handeln. Vermutlich werden schon die Beobachtungen anläßlich der Perihelpassage im Jahre 1997 hier genauere und neue Kenntnisse erbringen.

5. Der Komet 81P/*Wild 2*

Der periodische Komet P/*Wild 2* ist das Ziel der STARDUST-Mission der NASA im Rahmen ihrer Discovery Reihe. Dabei soll dieser Komet im Jahre 2003 angeflogen werden. Eine Rückkehrprobe soll im Jahre 2006 dann erstmals auch Kometenstaub (und interstellaren Staub) zur Erde bringen, um diesen in irdischen Laboratorien dann wesentlich genauer untersuchen zu können, als dies von Raumsonden aus möglich ist.

Der Komet P/*Wild 2* wurde im Januar 1978 am Observatorium Zimmerwald der Berner Universität entdeckt. Auch dieser Komet gehört zur Jupiterfamilie, und auch er wurde in den letzten Jahrzehnten vom Jupiter drastisch in seinen Bahnelementen verändert. So zog er im September 1974 in nur 0,006 AE Abstand am Jupiter vorbei. Seine Umlaufzeit reduzierte sich dabei von 47,26 Jahren auf nur 6,1 Jahre und seine Periheldistanz von 4,95 AE auf nur 1,45 AE. Dies bedeutet, daß dieser Komet der sich, so zeigen Bahnrückrechnungen, zumindest in den letzten 300 Jahren in Abständen größer als ca. 5 AE um die Sonne bewegte, relativ „frisch" und somit möglicherweise noch einigermaßen unverändert in das innere Sonnensystem gekommen ist. Diese eventuelle Besonderheit war übrigens eines der Argumente für die Auswahl dieses Kometen als Ziel für die STARDUST-Mission.

Der Komet P/*Wild 2* hatte seit seiner Entdeckung erst drei Periheldurchgänge, und zwar 1978, 1984 und 1990. Das relativ wenige vorliegende Beobachtungsmaterial läßt bisher kaum Schlüsse auf weitere Eigenschaften zu. Daher gilt auch hier das Interesse den aktuellen Beobachtungen 1996 und 1997 anläßlich des bevorstehenden Periheldurchganges am 6. Mai 1997.

Aus den bisher beobachteten Ausgasungsraten, die auf eine aktive Fläche zwischen 4 km^2 und 6 km^2 hinweisen, läßt sich abschätzen, daß der Radius dieses Kometen zwischen 1,5 km und 6 km liegt. Mit den erwähnten ca. 10 % als Richtwert für das Verhältnis der aktiven Flächen zur Gesamtoberfläche und einer aktiven Fläche um 5 km^2 ergäbe sich ein Radius von ca. 2 km. Auch der Komet P/*Wild 2* gehört also zu den z. B. im Vergleich mit dem *Halley*'schen Kometen relativ kleinen Kometenkernen, die bereits Zerfallsprodukte ursprünglich größerer Körper sein könnten.

IV. Der Kometenkern und seine Oberfläche

Der feste Kern eines Kometen ist die Quelle all der Phänomene, die unter dem Begriff „Komet" zusammengefaßt werden. Dieser Kern wird dadurch „aktiviert", daß die in ihm enthaltenen Volatilen bei der Annäherung an die Sonne wegen der zunehmenden Temperatur gasförmig werden und den Kometen verlassen können. „Zurück" bleiben in diesem Sinne die sog. „refraktären" Elemente oder Verbindungen, die eine so hohe Schmelz- oder Sublimationstemperatur haben, daß sie bei den an Kometen herrschenden Temperaturen praktisch nicht „ausgasen". Ein weiteres bemerkenswertes Phänomen ist, daß diese Gase beim Ausströmen offenbar in großen Mengen vorhandene kleine Staubpartikel mitnehmen, die sich dann in der Koma ausbreiten und letzlich zu dem Erscheinungsbild des kometaren Staubschweifes führen. Auch größere Teilchen können, je nach Masse des Kometenkerns, auf ballistische und zeitweilig umlaufende Bahnen um den Kern gebracht werden.

Neben diesen umlaufenden Körpern zeigen Kometenkerne insbesondere bei Zerfällen noch weitere Auflösungserscheinungen, die auf eine recht lockere Konsistenz der Kometenkerne und damit auch auf ihre relativ unveränderte Ursprünglichkeit hindeuten. Die diesen kometaren Phänomenen zugrunde liegenden physikalischen Prozesse sollen im folgenden ausführlicher dargestellt werden.

1. Entstehung und innerer Aufbau

Die Konsistenz des eigentlichen physischen Kerns von Kometen war bis in die Mitte unseres Jahrhunderts hinein ein noch ungelöstes Problem. Der eigentliche Beleg dafür, daß ein Kometenkern in der Tat ein zusammenhängender Körper ist, wurde, wie bereits erwähnt, erst mit den von VEGA-2 und Giotto im März 1986 zur Erde gesandten Bildern erbracht (vgl. Abb. 6 und 7).

Da Kometen in größerer Sonnenferne noch ein punktförmiges und nicht verwaschenes Bild geben, liegt die Annahme nahe, daß es sich hier um einen soliden Körper handelt. Aber bis in die fünfziger Jahre des zwanzigsten Jahrhunderts hinein wurde es durchaus noch für möglich gehalten, daß dieser punktförige Kern eine lockere Ansammlung einzelner Brocken sein könnte, wobei der Zusammenhalt nur durch die relativ schwache Gravitationskraft zwischen diesen Brocken verursacht wird. Wie die Körner einer Sandbank würden sich dann diese Brocken noch relativ zueinander verschieben können, wobei sie insgesamt aber durch ihre Schwerkraft aneinander gebunden wären. Aus diesem Vergleich resultiert der Begriff „Sandbank-Modell", das mit den Ergebnissen des SL-9 Zerfalls teilweise wiederbelebt wurde, zeigten doch Modellrechnungen, daß Kometenkerne möglicherweise aus nur sehr lokker gebundenen Substrukturen bestehen können.

Die angenommenen Größen eines Kometenkernes lagen früher bei wenigen hundert Kilometern. Diese Größe wurde, wie wir heute wissen, dadurch vorgetäuscht, daß sie ein Abbild der das Sonnenlicht reflektierenden Staubumgebung des Kometen war und nicht des in ihr verborgenen viel kleineren eigentlichen Kerns. Von den zugehörigen Massen der Kometenkerne hatte man ebenfalls noch keine klare Vorstellung, man wußte nur, daß die Massen im Vergleich auch zu denen der bekannten kleineren Monde recht klein sein mußten, da z.B. der von Messier 1770 entdeckte und nach seinem Bahnberechner Lexell benannte Komet im Jahre 1776 das innere Jupitersystem durchflog, ohne daß die Bahnen der Jupitermonde merklich verändert wurden. Daraus folgerte man auf eine obere Grenze der Masse in der Größenordnung von 10^{17} kg, wobei die wirkliche Masse noch weit unter diesem Wert liegen kann, denn diese genannte Masse wäre nötig gewesen, um mit der damaligen astronomischen Meßtechnik noch merkbare Störungen zu erzeugen, die aber nicht beobachtet wurden. In ähnlicher Weise wurden z. B. die gegenseitigen möglichen Bahnstörungen der zwei Teile des 1846 zerfallenen Kometen *Biela* zur Abschätzung einer oberen Massengrenze benutzt und hieraus wurde auf eine vergleichsweise sehr kleine Masse geschlossen. Die Abschätzungen mit unterschiedlichen Methoden führten alles in allem zu Werten im Bereich von 10^{12} kg bis 10^{17} kg. Die bei diesen geringen Massen und den, wie wir heute wissen, als zu groß angenommenen Radien resultierenden Dichten liegen deutlich unter den Werten z. B. für gesteinsartige feste Materie. Dieser Befund bestärkte die oben skizzierten Modellvorstellungen über eine lockere oder auch schwarmartige Struktur von Kometenkernen.

Alternativ dazu hatte Whipple im Jahre 1950 ein Kometenmodell entwickelt, das von einem festen Kometenkern aus „schmutzigem Eis" ausgeht. Danach ist der Kometenkern ist ein mit Staub durchsetzter, großer Schneeball. Über den Aufbau eines solchen Kerns gab und gibt es auch gegenwärtig noch sehr unterschiedliche Meinungen. Da aus den Beobachtungen über diese inneren Strukturen nur sehr wenig und auch nur indirekt, d. h. unter Zuhilfenahme von Modellvorstellungen ableitbar war, zog man insbesondere mögliche Entstehungsszenarien zu Rate, um so, je nach verwendetem Modell, zu Aussagen über die mögliche Struktur zu kommen, die dann an den Beobachtungen zu testen waren. Folgende intensiver verfolgte Modellansätze sind an dieser Stelle zu nennen:

1. Das „Schmutziger Schneeball"-Modell aus dem Jahre 1950 von Fred Whipple, das einen praktisch schon recht runden und homogenen Körper aus Staub und gefrorenem Wassereis mit Beimengungen einiger weiterer Eise annimmt. Die Entstehung eines solchen Körpers ist am einfachsten zu verstehen, wenn man davon ausgeht, daß dieser durch mehr oder weniger gleichmäßige Anlagerung von Staub- und Eispartikeln aus einer dichten präplanetaren Scheibe aus Staub und Eis wächst, also quasi ein großer und schnell immer größer werdender Körper (sog. *run-away-Wachstum*) aus sehr vielen und deutlich kleineren Körpern (Staub, „Schneeflocken"), die quasi auf ihn herabregnen, aufgebaut wird. Die allermeisten modernen Modelle über die Entstehung des Sonnensystems nehmen eine solche präplanetare Scheibe aus Gas, Staub und Eispartikeln als ein Vorstadium der Planetenentstehung an,

unterscheiden sich aber in ihrer Aussage bezüglich des Wachstums hin zu größeren Körpern.

2. Alternativ zu Whipples Modell eines „Schmutzigen Schneeballs" wurde von Keller und Kührt der Ansatz eines „Vereisten Schmutzballes" in die Diskussion gebracht, um sowohl den am Kometen *Halley* beobachteten bemerkenswert hohen Staubanteil erklären zu können als auch um das beobachtete Aktivitätsverhalten der Kometen mit Stabilitätsmodellen der Kometenoberfläche in Einklang zu bringen; müßte doch ein lose auf einer ausgasenden Oberfläche liegender Staubmantel z.B. bei 1 AE Entfernung von der Sonne durch die austretenden Gase bereits weggeblasen werden, falls nicht der Staub bereits selbst einen in sich ausreichend festen und porösen Körper bildet, in dem das sublimierende Eis eingelagert ist. Der lokale Charakter der kometaren Aktivität weist dann auf die Existenz von Gebieten unterschiedlich hoher Einlagerung von Eis hin. Die Entstehung eines solchen Kometen kann in dem Szenarium stoßbedingter Anlagerungen bereits gewachsener, also größerer, aber unterschiedlicher Körper verstanden werden, wie in den folgenden Ansätzen dargestellt wird.

3. Das „Agglomerations-Modell" von Bert Donn und Jürgen Rahe, dem das „Primordialer Trümmerhaufen"-Modell von Paul Weissman ähnelt, das annimmt, daß ein Kometenkern aus Körpern unterschiedlichster Größe aufgebaut ist, wobei diese einzelnen Körper ihrerseits wieder aus kleineren Brocken unterschiedlicher Größe bestehen. Insgesamt hätte ein Kometenkern dann eine „fraktale" Struktur. Das Wachstum eines solchen Körpers aus der präplanetaren Scheibe wäre dann so zu verstehen, daß nicht ein großer auf Kosten vieler kleiner Körper entsteht, sondern daß „hierarchisch" immer weniger und größere Körper aus den jeweils viel häufigeren und kleineren durch stoßbedingte Anlagerung entstehen. In diesem Falle sind die jeweiligen kleineren Körper dann ebenfalls aus vielen, immer noch kleineren Körpern aufgebaut, die ebenso strukturiert sind. Ein solcher Entstehungsprozeß ist denkbar, wenn in der präplanetaren Scheibe aus Staub und Eispartikeln durch Zusammenstöße mit anschlie-

ßender Anlagerung ein gleichmäßiges Wachstum von immer weniger, ständig größer werdenden Körpern erfolgt.

4. Das von mir selbst stammende „Block-Modell", das annimmt, daß Kometen aus einigen kilometergroßen „Bausteinen" oder Blöcken zusammengesetzt sind. Wobei die die Zerfälle auslösende brüchigere Struktur der Kometenmaterie in den, als Folge der zum Wachstum führenden Stöße, entstandenen „Kollisionszonen" zwischen diesen Blöcken auch Ursache der lokalen kometaren Aktivität sein könnte. Die in diesem Modell herausgehobene Skalenlänge um einen Kilometer kann ihren Ursprung darin haben, daß das oben dargestellte hierarchische Wachstum infolge des Wirkens einer Gravitationsinstabilität in der äußeren präplanetaren Scheibe bei Körpern mit Größen um einen Kilometer abgebrochen wurde, so daß das weitere Wachstum infolge sanfter Zusammenstöße mit diesen konsolidierten, ca. kilometergroßen Bausteinen fortgesetzt wurde. Bei typischen Kometenkern-Dimensionen von einigen Kilometern wären demnach die Kometen aus einigen solcher Blöcke aufgebaut, und so gewachsene Körper haben auch die für Kometen typische irreguläre Form (vgl. Abb. 16).

Falls die Kometen weiter wachsen, beginnt bei einigen zehn Kilometern Radius die Eigengravitation die dominierende Rolle im Zusammenhalt des Körpers zu spielen, d. h. er wird komprimiert werden und rundlichere Formen annehmen. Seine Dichte würde also wachsen, aber er würde ansonsten seine „kometaren" Eigenschaften, also das Ausgasen bei ausreichender Erwärmung mit der daraus folgenden Koma aus Gas und Staub, beibehalten. Der sich zwischen Saturn und Uranus bewegende, ca. 100 km große *Chiron* ist vermutlich ein solches Objekt, ebenso vermutlich auch die jüngst entdeckten *transneptunischen Körper.*

2. Zerfälle und Auflösung von Kometen

Die Sonderrolle, die Kometen im Vergleich mit anderen Himmelskörpern spielen, zeigt sich auch darin, daß sie im Gegensatz zu den meisten anderen bekannten Körpern nicht stabil und z. T. recht kurzlebig sind, sobald ihre Bahnen sie in das innere Sonnensystem führen. Beobachtungen von Zerfällen von Kometen spiegeln dies recht deutlich wieder. Erinnert sei hier nur an den Zerfall des Kometen *Shoemaker-Levy 9*. Aber auch die Meteoridenströme, die zu verstärkter Sternschnuppenaktivität führen, z. B. zu den Perseiden im August, sind die Reste von Kometen, die sich aufgelöst haben. All dies sind weitere Hinweise auf eine recht lockere Konsistenz von Kometenkernen, vergleicht man sie mit gesteinsartigen Körpern.

Kometen und Meteorströme

Die Zusammenhänge zwischen Kometen und Meteoridenströmen, die als Meteorstrom beim Verglühen in der Erdatmosphäre beobachtbar werden, sind seit langem aus astronomischen Beobachtungen und resultierenden Bahnberechnungen bekannt. So ist es gelungen, vielen Meteoridenströmen einen Kometen in dem Sinne zuzuordnen, daß sich diese Meteoride in einem engen Gebiet um die Kometenbahn bewegen, und offenbar aus Zerfallsprozessen aus diesem Kometen resultieren (vgl. Tab. 4). Leider ist bisher noch kein Meteoritenfall beobachtet worden, der eindeutig einem Meteorstrom und damit einem Ursprungskörper zugeordnet werden kann. In einem solchen Falle hätten wir definitiv Materie aus einem Kometen (oder Asteroiden) auf der Erde und dann für laborative Untersuchungen verfügbar, analog der Materie vom Mars, die wir mit sehr großer Wahrscheinlichkeit mit den SNC-Meteoriten heute bereits auf der Erde haben. Analoges gilt übrigens für Meteorite vom Mond.

Bemerkenswert an den Angaben in der Tabelle 4 ist, daß Meteore offenbar auch mit Asteroiden zusammenzuhängen scheinen, sind doch die Bahnen der *Geminiden* und der *Tages-Arietiden* denen der Asteoriden *Phaeton* bzw. *Icarus* sehr ähnlich. Aber sind denn Phaeton und Icarus wirkliche Asteroiden, also feste gesteinsartige Körper, so wie wir sie über viele andere Meteorite aus dem Asteroidengürtel kennen?

Meteorstrom	Komet/Asteroid
Lyriden	Thatcher (1861 I)
Omikron-Draconiden	Metcalf (1919 V)
Eta-Aquariden	Halley (1835 III)
Tages-Arietiden	1566 Icarus
Scorpiiden-Sagittariiden	Encke (1971 II)
Tau-Herculiden	Schwassmann-Wachmann 3 (1930 VI)
Bootiden	Pons-Winnecke (1915 III)
Perseiden	Swift-Tuttle (1862 III)
Aurigiden	Kiess (1911 II)
Draconiden	Giacobini-Zinner (1946 V)
Orioniden	Halley (1835 III)
Epsilon-Geminiden	Ikeya (1964 VIII)
Süd-Tauriden	Encke (1971 II)
Nord-Tauriden	Encke (1971 II)
Andromediden	Biela (1852 III)
Leoniden	Temple-Tuttle (1965 IV)
Geminiden	3200 Phaeton
Monocerotiden	Mellish (1917 I)
Ursiden	Tuttle (1939 X)
Leo-Minoriden	Komet von 1739

Tab. 4: Kometen und zugehörige Meteoridenströme (nach Lang, 1991)

Naheliegender ist es, anzunehmen, daß diese scheinbaren „Asteroiden" erloschene Kometen sind, also ursprünglich kometare Körper, deren Aktivität erloschen bzw. so gering geworden ist, daß sie von der Erde aus nicht mehr erfaßbar ist. Infolge der Ablagerungen aus ihrer eigenen Aktivität und der Zusammenstöße mit Mikrometeoriden sollten diese „Asteroiden" mit einer Regolithschicht vollständig abgedeckt sein, wie dies auch für die gewöhnlichen Asteroiden gilt. Äußerlich wären diese Körper dann nicht mehr leicht von den „normalen", also gesteinsartigen Asteroiden zu unterscheiden; es liegt nahe, daß dies für Phaeton und Icarus auch gelten könnte. Damit wird neben dem vollständigen Zerfall von Kometenkernen, worauf ja die Meteoridenströme inzwischen verschwundener Kometen, wie z.B. des Kometen *Biela*, hinweisen, noch ein weiteres mögliches Endstadium von Kometen erkennbar: nämlich der mit dem Abklingen der Aktivität erfolgende Übergang in einen vom oberflächlichen Erscheinungsbild her asteroidenartigen Körper.

Ein anderes interessantes und spezifisch kometares Phänomen ist der bereits erwähnte Zerfall von Kometenkernen. Ein solches Beispiel lieferte der *Biela*'sche Komet, der 1826 von dem Österreicher Biela entdeckt wurde und mit einem von Encke im Jahre 1805 beobachteten Kometen identisch ist. Die Umlaufzeit dieses Kometen lag bei 6,75 Jahren, er gehörte also zur Jupiterfamilie, wobei seine Bahn der Erdbahn in einer Position, welche die Erde Ende November erreicht, sehr nahe kam. Drei Umläufe nach seiner Entdeckung durch Biela wurde er 1845 wieder beobachtet. Er zeigte kein besonderes Verhalten, bis er Ende Dezember 1845 plötzlich als in zwei Komponenten unterschiedlicher Helligkeit aufgeteilt erschien. Die anfangs kleinere Komponente holte bis zum Februar 1846 an Helligkeit auf und wurde der größeren ebenbürtig, verschwand dann aber sehr schnell im März, während die andere Komponente noch gut einen Monat länger beobachtet werden konnte. Der Abstand beider Komponenten wuchs in dieser Zeit von 274 000 auf 313 000 km. Die nächste Wiederkehr beider Kerne wurde, natürlich mit großer Spannung, für das Jahr 1852 erwartet. Sie wurden auch im August jenes Jahres wiederentdeckt, hatten da aber schon einen gegenseitigen Abstand von 2 411 000 km, und dieser Abstand nahm weiterhin zu. An Helligkeit unterschieden sich beide Komponenten kaum, wenngleich mal die eine, mal die andere Komponente etwas heller war. Ende September 1852 verschwanden beide Körper aus Sichtweite und wurden seither nicht wieder gesehen. Dabei hätten sie z.B. in den Jahren 1859, 1865 und 1872 durch das Perihel gehen müssen; 1865 und 1872 war dabei die Stellung der Erde, relativ zum Kometen und der Sonne, so gut, daß man diese Kometen unbedingt hätte beobachten können müssen. Daß sich dennoch Körper auf dieser Bahn bewegten, zeigte sich mit dem Sternenschnuppenfall vom 27. November 1872 und in der Folge auch vom 27. November 1885 und dem 23. November 1892. Diese November-Stern-

Komet	Periheldi-stanz [AE]	Periode [Jahre]	Bahnnei-gung [°]	Perihel-länge [°]	Perihel-breite [°]
1668	0,066604		144,375	248,61	+33,23
1843 I (Gr. März-Komet)	0,005527	128	144,348	281,86	+35,31
1880 I Gr. Süd-Komet)	0,005494		144,660	281,68	+35,25
1882 II (Gr.September-Komet)	0,007751	759	142,005	282,24	+35,24
1887 I (Gr. Süd-Komet)	0,004834		144,377	281,85	+35,36
1945 VIII du Toit	0,007516		141,867	282,87	35,97
1963 V Pereyra	0,005065	187	144,576	281,90	+35,37
1965 VIII Ikeya-Seki	0,007786	184	141,858	282,24	+35,21
1970 VI White-Ortiz-Bolelli	0,008879		139,0652	282,26	+35,07

Tab. 5: Kometen der Kreutz-Gruppe (nach Lang, 1991)

schnuppen tragen seither den Namen *Andromediden*, da sich ihre Bahnspuren, verfolgt man ihre am Himmel beobachteten Bahnen zurück, alle in einem Punkt – ihrem sog. *Radiationspunkt* – im Sternbild Andromeda zu schneiden scheinen. Mit anderen Worten, diese Meteore kommen alle aus der Himmelsrichtung, in der sich im November das Sternbild Andromeda befindet. Übrigens werden in analoger Weise auch die anderen Sternschnuppenströme zumeist mit dem Sternbild bezeichnet, in dem ihr jeweiliger Radiationspunkt liegt. Dieser Radiationspunkt kennzeichnet also die Richtung, aus der ein Meteoridenstrom kommend die Erdbahn kreuzt.

Ein weiterer spektakulärer Zerfall eines Kometen wurde an dem „Großen Septemberkometen" von 1882 beobachtet, der wohl die imposanteste Kometenerscheinung des vorigen Jahrhunderts bot. So wurde er am 3. September mit bloßem Auge gefunden und dann am hellichten Tag in unmittelbarer Nähe der Sonne sichtbar. Der Eintritt des Kometen in die Sonnenscheibe war direkt zu beobachten, wobei übrigens nur sein Verschwinden am Sonnenrand beobachtet wurde, was auf die nur sehr geringen Ausmaße des Kometenkerns hinwies. Ende September 1882 wurde der vorher runde Komet zunehmend länglich, es bildeten sich zuerst zwei Lichtknoten heraus. Ende Oktober waren dann sogar vier einzelne Lichtzentren als Überbleibsel erkennbar. Auch dieser Komet war also zerfallen.

Dieser Komet ist übrigens noch aus einem anderen Grunde interessant, bewegte er sich doch auf einer Bahn, die, wie von Kreutz gezeigt wurde, mit den Bahnen der Kometen 1843 I und 1880 I nahezu identisch war. Es konnte sich bei einer damals berechneten Umlaufzeit von ungefähr 772 Jahren aber nicht um ein und denselben Kometen handeln, sondern offenbar um mehrere Körper, die sich, leicht versetzt, auf nahezu derselben Bahn bewegten. Bemerkenswert ist bei dieser Bahn weiterhin, daß sie der Sonne im Perihel mit einem Abstand von nur 466 000 km zur Sonnenoberfläche sehr nahe kommt. In solchen Entfernungen können die Gezeitenkräfte der Sonne schwach gebundene Körper aufreißen.

Genau dies war möglicherweise auch mit einem hypothetischen Kometen geschehen, dessen Teile sich nun auf dieser Bahn bewegen und zu den genannten beobachteten Kometen führten. Inzwischen sind eine Reihe weiterer Objekte gefunden worden, die sich auf dieser Bahn bewegen bzw. bewegt haben. Diese Körper bilden die sog. *Kreutz-Gruppe* (vgl. Tab. 5), da Kreutz (1888/1891) zeigen konnte, daß die Kometen 1843 I, 1880 I, 1882 II und 1887 I Teile eines einst größeren, gemeinsamen Mutterkörpers gewesen sein müssen, aus dem, wie wir heute wissen, eine ganze Reihe kleinerer Kometen hervorgegangen sind: Eben die Mitglieder der Kreutz-Gruppe.

Zerfälle von Kometenkernen

Sprungartige Verstärkungen in der Helligkeit, *bursts* oder *outbursts*, sind ein ebenfalls bei vielen Kometen oft wiederholt beobachtetes Phänomen. Ein Beispiel hierfür ist der periodische Komet *Pons-Brooks*, der am 23. September 1883 eine Helligkeit in ungefähr der zwölften Größenordnung besaß. Drei Stunden später lag die Helligkeit bei der achten Größenordnung, am folgenden Tag war der Komet noch heller geworden, wobei der Kern aber nicht mehr punktförmig, sondern verwaschen war. Offenbar expandierte eine Materiewolke vom Kern aus in den Weltraum. Diese Hülle expandierte weiter und der Kern verlor wieder an Helligkeit. Ähnliches wiederholte sich am 1. Januar 1884, als der Komet innerhalb von ein bis zwei Stunden um 1,5 Größenordnungen heller wurde. Am nächsten Tag hatte der Kern dann bereits wieder seine normale Helligkeit erreicht. Ein ähnliches Verhalten wird von vielen Kometen berichtet, u.a. vom Kometen *Halley*, ebenso auch von dem Zielkometen der ROSETTA-Mission, dem Kometen P/*Wirtanen*.

Möglich ist, daß bei diesen Helligkeitsausbrüchen sich bereits Brocken der kometaren Materie vom eigentlichen Kern abtrennen und so zu den kleineren Trümmern führen, wie sie in der Form von Meteoriden entlang von Kometenbahnen und resultierenden Sternschnuppen beobachtet werden. Denkbar ist auch, daß diese Ausbrüche den Zusammenhalt eines Kometenkerns zunehmend erschüttern und so seine späteren Teilungen bzw. die Auflösung vorbereiten.

Eine weitere Ursache der Zerfälle von Kometen können, wie bereits erwähnt, bei ausreichender Annäherung eines Kometenkerns an die Sonne oder einen großen Planeten, die auf die zerbrechlichen Kometen wirkenden Gezeitenkräfte sein, wie es bei den Kometen der Kreutz-Gruppe oder bei dem *Kometen Shoemaker-Levy 9* der Fall war. Mysteriös aber sind die ebenfalls häufig beobachteten Zerfälle weitab von anderen bekannten störenden Körpern (vgl. Tab. 5). Welche Prozesse können einen Kometen fernab von der Sonne zum Platzen bringen? Sind dies thermische Spannungen oder Explosionen im Inneren, z.B. weil die nach innen fortschreitende Wärme bisher noch nicht erreichte Gebiete aufwärmt, in denen dann Phasenumwandlungen oder Gasausbrüche auftreten könnten? Oder sind die Zerfälle Kollisionsfolgen mit anderen Körpern? Oder sind diese Zerfallserscheinungen vielleicht auch nur Ausdruck des extrem lockeren Zusammenhalts zumindest einiger Teilgebiete, so daß schon zufällige kleine Störungen (z.B. infolge von jet-getriebenen Rotationsveränderungen) diese Zerfälle auslösen könnten, die in diesem Falle praktisch in allen Bahnabschnitten auftreten müßten, bevorzugt aber in solchen verstärkter Aktivität? Die Antwort auf diese Fragen ist gegenwärtig noch offen.

Die letzte aktuelle Zusammenstellung der bisher beobachteten Kometenzerfälle erfolgte durch Sekanina im Jahre 1982. Die inzwischen noch etwas umfangreicher gewordene Liste dieser Phänomene ist in der folgenden Tabelle 6 wiedergegeben.

Mit einer Analyse der Häufigkeit des Auftretens von Zerfallsprozessen von Kometen haben Chen und Jewitt gezeigt, daß ein Komet im Mittel ungefähr alle hundert Jahre einmal zerfällt. Damit sind Zerfälle für Kometen ganz offenbar ein durchaus typisches Phänomen und keine spezifische Besonderheit bei nur einigen Objekten. Diese grundsätzliche Neigung zum Zerfall muß also berücksichtigt werden, wenn man versucht, Modelle zur Beschreibung der Struktur von Kometenkernen zu entwerfen. Es sei aber an dieser Stelle noch einmal mit Nachdruck auf die eigentümlichen Zerfälle bei relativ großen Entfernungen von der Sonne hingewiesen, die eine besondere Herausforderung an die Modellierung kometarer Eigenschaften und Prozesse darstellen.

Als extreme Folge der Zerfälle von Kometenkernen ereignet sich ab und an auch das völlige Verschwinden eines Kometen, der sich aufgelöst hat, manchmal in direkter Perihelnähe. Als ein Beispiel wurde bereits der Biela'sche Komet erwähnt.

Komet	Anzahl der Fragmente	Abstand von der Sonne bei Zerfall [AE]	Maximale Abtrenngeschwindigkeit [m/s]
1846 II Biela	2	3,59	0,26
1852 III Biela	2	3,59	
1860 I Liais	2	2,49	5,48
1882 II (Großer September-Komet)	4	0,017	4,90
1888 I Sawerthal	2	0,76	
1889 IV Davidson	2	1,06	
1889 V Brooks	5	4,25/5,38	4,5
1896 V Giacobini	2	2,36	
1899 I Swift	3	0,48/1,15	
1905 IV Kopff	2	3,38	
1914 IV Campbell	2	0,82	
1915 II Mellish	5	2,09/2,38	0,44
1916 I Taylor	2	1,65	0,90
1943 I Whipple-Fedtke-Tevzadze	2	1,43	
1947 XII Süd-Komet	2	0,15	1,87
1955 V Honda	2	8,2	
1957 VI Wirtanen	2	9,25	0,24
1965 VIII Ikeya-Seki	2	0,008	
1968 III Wild	2	2,92	
1969 IX Tago-Sato-Kosaka	2	1,20	
1970 III Kohoutek	2	1,79	
1976 VI West	4	0,22/0,30/0,41	1,72
1993e Shoemaker-Levy	21	ca. 1,6 Jupiterradien	
P/Chernykh	2		
P/Ciffreo	2		
Wilson	2		

Tab. 6: Zerfallene Kometen

3. Größe und Masse der Kometen

Es ist bis heute noch nicht gelungen, die Masse eines Kometen direkt aus Messungen zu bestimmen, auch nicht die des bisher am besten untersuchten Kometen *Halley*. Eine solche direkte Massenbestimung wäre möglich z. B. aus der Kenntnis der Umlaufperiode eines Satelliten des Kometenkerns oder auch aus Messungen von Bahnstörungen, welche die Schwerkraft des Kometen beim nahen Vorübergang an einem anderen Körper verursacht. Leider liegen derartige Beobachtungen bis heute nicht vor. Wir sind daher nach wie vor auf indirekte Methoden angewiesen.

Etwas günstiger ist die Situation bei der Bestimmung von Größe und Form, zumindest bei einigen Kometen. Aus den direkten Vorbeiflügen von VEGA-2 und Giotto am Kometen *Halley* im Frühjahr 1986 wissen wir durch die von den Kameras zur Erde übertragenen Bilder, daß der *Halley*'sche Komet eine unregelmäßige Gestalt hat, die mit einem dreiachsigen Ellipsoid angenähert werden kann. Die Längen dieser drei Achsen liegen bei maximal 16 km, 8,5 km und 8,2 km. Der Tabelle 7 können die entsprechenden Werte für einige relativ gut bestimmte Kometenkerne entnommen werden. Typische Werte liegen also bei Radien von mehreren Kilometern.

Die Basis für die Größenbestimmungen (oder besser Abschätzungen) bei Kometen liegt in dem Zusammenhang zwischen der scheinbaren Helligkeit eines Kometen unter definierten Bedingungen und seiner Größe. Denn die Stärke oder besser der Energiefluß des am Kometenkern reflektierten und auf der Erde so empfangenen Sonnenlichtes ist natürlich proportional der reflektierenden Oberfläche des Kometen. Wenn Komet, Sonne und Erde im gleichseitigen Dreieck voneinander jeweils 1 AE entfernt sind, wird die so festgelegte Helligkeit auch als *absolute visuelle Helligkeit* bezeichnet. Diese Werte sind aus astronomischen Messungen berechenbar, solange der jeweilige Komet noch passiv ist, also noch nicht ausgast oder ausstaubt, das reflektierte Licht also nur von der Kometenoberfläche kommen kann. Neben der reflektierenden

Komet	Radius [km]	Albedo (vis., geom.)	Aktive Fläche [%]	Absolute Helligkeit
2060 Chiron	90	0,10	?	
P/Schwass-mann-Wach-mann 1	20	0,13	2	
P/Neujmin	11×9 0,03	0,02–0,06	8,4	
P/Halley	8×4×4	0,04	20	2,5
P/Tempel 2	8×4×4	0,02	0,6	6,4
P/Arend-Rigaux	7×4×4	0,03	0,05	9,5
IRAS-Araki-Alcock	8×3,5×3,5	0,03	0,6	
P/Encke	2–3	0,03?	4–9	10,7
Sugano-Saigusa-Fujikawa	0,4	0,03?	40–100?	

Tab. 7: Eigenschaften einiger genauer untersuchter Kometenkerne (nach Rickman)

Fläche der Oberfläche spielt noch ihre von der Geometrie und den Materialeigenschaften der Oberfläche abhängige Reflektionsfähigkeit, die sog. *geometrisch-visuelle Albedo*, eine Rolle, denn der von einem sehr dunklen Körper mit einem sehr kleinen Albedo-Wert reflektierte Energiefluß ist wesentlich geringer als der von einem gut reflektierenden, aber ansonsten gleichen Körper. Da in der astronomischen Praxis die Helligkeiten logarithmisch mit dem Energiefluß zusammenhängen, ergibt sich mithin eine logarithmische Beziehung zwischen Radius oder auch Masse eines Kometen und seiner absoluten Helligkeit.

Nach Hughes kann man bei als bekannt angenommener Dichte, und damit auch bekannter Masse, bzw. bei ungefährer Kugelform, dann auch bekanntem mittleren Radius bzw. reflektierender Fläche, und bei einem als bekannt angenommenen mittleren Albedo-Wert aus der beobachteten Hel-

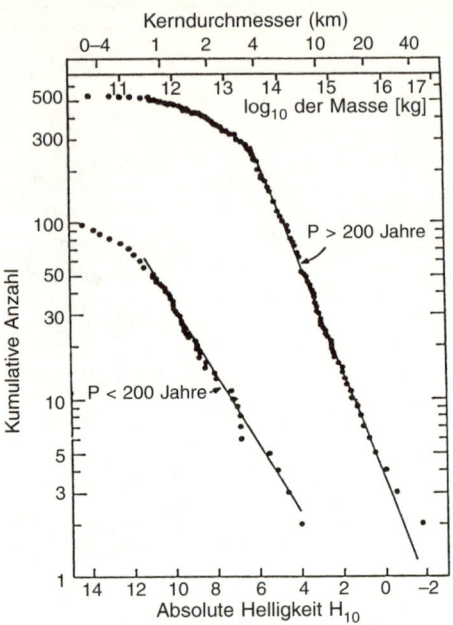

Abb. 9: Kumulative Anzahl der Größen bzw. Massen langperiodischer und kurzperiodischer Kometen (nach Hughes)

ligkeit des noch nicht aktiven Kerns auf die ungefähre Masse des Kometen schließen. Einigermaßen zuverlässige Werte für die zu modellierenden Parameter kann man für Albedo und Dichte seit dem Bekanntwerden der diesbezüglichen Werte für den Kometen *Halley* aus den Untersuchungen der Daten der Giotto- und VEGA-Missionen verwenden. Daher ist diese Methodik zur Massenabschätzung erst seitdem begründeter anwendbar. Offen bleibt dabei jedoch noch, wie repräsentativ der *Halley*'sche Komet für die Vielzahl anderer Kometen ist. Dennoch würden die möglichen Veränderungen in den genannten Eigenschaften das Ergebniss der auf ihnen basierenden Massenbestimmungen nicht mehr um Größenordnungen ändern.

Die Abbildung 9 zeigt das Ergebnis der Anwendung dieser Relation auf 626 Kometen, deren absolute Helligkeiten aus-

Komet	Masse [10^{14} kg]
Encke	0,24-0,32
Grigg-Skjellerup	$< 9,3 \cdot 10^{-3}$
Tempel 2	$< 3,8$
Honda-Mrkos-Pajdusakova	$(1,5-5,4) \, 10^{-3}$
Tuttle-Giacobini-Kresak	$< 3 \cdot 10^{-3}$
Forbes	$< 9 \cdot 10^{-3}$
d'Arrest	$(0,8-6,3) \, 10^{-2}$
Kopff	$< 0,29$
Schwassmann-Wachmann 2	$< 3,1 \cdot 10^{-2}$
Wolf-Harrington	$< 3,1 \cdot 10^{-2}$
Giacobini-Zinner	$2,8 \cdot 10^{-2}$
Churyumov-Gerasimenko	$< 0,01-0,13$
Tsuchinshan 1	$< 2,1 \cdot 10^{-2}$
Borelly	$< 8,4 \cdot 10^{-2}$
Gunn	$< 0,11$
Brooks 2	$< 1,8 \cdot 10^{-3}$
Finlay	$< 3,3 \cdot 10^{-3}$
Daniel	$< 2,7 \cdot 10^{-3}$
Faye	$< 0,83$
Ashbrook-Jackson	$< 2,3$
Schaumasse	$< 2 \cdot 10^{-2}$
Comas Solá	$< 3,8 \cdot 10^{-2}$
Kearns-Kwee	$< 7,6 \cdot 10^{-3}$
Tuttle	$< 0,16$
Stephan-Oterma	$< 1,6$
Olbers	$< 1,7$
Pons-Brooks	$< 1,7$
Halley	0,1–1,4

Tab. 8: Abschätzungen kometarer Massen (nach Rickman u.a.)

reichend gut bekannt sind, wobei hier die kumulative Anzahl aus der verwendeten Menge in Abhängigkeit von der Masse dargestellt wird.

Massenbestimmungen für einzelne Kometen erfolgen noch mit einer anderen Methodik, die berücksichtigt, daß Kometen in Sonnennähe infolge ihrer starken Ausgasung auf der Tagesseite einen zusätzlichen Impuls erfahren, der im Mittel bei dieser anisotropen Ausgasung auf der Tagesseite aus Richtung der Sonne wirkt und der in der Lage sein kann, die Kometenbahn zu verändern. Diese nichtgravitativen Kräfte können modellmäßig abgeschätzt und mit beobachteten Bahnveränderungen korreliert werden, wodurch Aussagen über die Massen der Kometenkerne möglich sind. Die Tabelle 8 gibt die Ergebnisse einer mit dieser Methode von Rickman u. a. durchgeführten Massenbestimmung für einige Kometen wieder.

4. Rotationsbewegungen

Die Rotationseigenschaften von Kometenkernen haben einen wesentlichen Einfluß auf die physikalischen Prozesse, die sich an der Oberfläche und im Inneren eines Kometenkerns abspielen. Dies wird sofort verständlich, wenn man bedenkt, daß die Erwärmung der Oberfläche vom Sonnenstand abhängig ist; diese ist ja ganz entscheidend für das Ausgasen und damit für das eigentliche Phänomen „Komet". Das führt z. B. zu der Frage, ob es Jahreszeiten auf einem Kometen gibt, ob also die Rotationsachse ausreichend zur Bahnebene geneigt ist. Genauso entscheidend ist die Dauer der solaren Bestrahlung, also die Tageslänge. Darüber hinaus ist zu bedenken, daß eine sehr schnelle Rotation zu starken Fliehkräften führen kann, die für den Zusammenhalt des Kerns bei den vorhandenen lockeren Bindungen gefährlich werden könnten. Und auch die Bahnbewegung der Kometen wird durch den „Raketeneffekt" der auf der Tagesseite ausströmenden Gase beeinflußt, wobei es natürlich zu unterschiedlichen Effekten kommt, je nachdem, ob die Rotation prograd oder retrograd ist, also im Drehsinne der Bahnbewegung erfolgt oder nicht, denn der Hauptimpuls wird von der wärmeren Nachmittagsseite ausgehen. Bei prograder Rotation erfolgt eine Beschleunigung des Kerns in Bahnbewegungsrichtung (und natürlich auch von der Sonne weg), während eine retrograde Rotation zu einer Abbremsung in Bahnrichtung führt. Überdies wird der Impuls der Ausgasungen auch die Rotation beeinflussen, wenn die Ausströmung nicht gerade exakt entlang einer durch den

Schwerpunkt gehenden Linie aus der Oberfläche heraus erfolgt, was sicher nur ein Spezialfall wäre. Ein Komet könnte also bei geeigneter und gerichteter Ausgasung, z. B. am Äquator und in Morgen- bzw. Abendrichtung, in seiner Rotationsbewegung abgebremst bzw. beschleunigt werden. Hieraus folgt übrigens, daß Rotationsperiode und Lage der Rotationsachse bei Kometen nicht so stabil und nahezu unveränderlich sein sollten, wie etwa bei der Erde oder den anderen Planeten. Wie oben dargestellt, führen die „Raketeneffekte" infolge der gerichteten Ausgasung auf der Tagesseite über die sog. „nicht-gravitativen Kräfte" auch zu Veränderungen der Kometenbahn um die Sonne. Aus der Beobachtung dieser Veränderungen kann man übrigens mit geeigneter Modellierung des „Raketeneffektes" auf die Masse von Kometen rückschließen.

Rotationseigenschaften einzelner Kometen

Aus astronomischen Beobachtungen kann auf die Rotationseigenschaften der untersuchten Körper geschlossen werden, wenn diese einen mit der Rotation verknüpften Lichtwechsel zeigen.

Solche rotationsbedingten Helligkeitsveränderungen können jedoch recht unterschiedliche Ursachen haben. Sie können eine Folge unterschiedlich heller Gebiete oder auch, z. B. bei einem dreiachsigen Ellipsoid, unterschiedlich großer Flächen sein, die infolge der Rotation dem Beobachter zugewandt sind und so die beobachtete Helligkeit modulieren. Zur Interpretation der astronomischen Daten sind also sowohl Modellvorstellungen als auch Zeitreihenanalysen notwendig, um eventuell vorhandene Perioden zu identifizieren und um diese mit den Eigenschaften des jeweiligen Köpers zu verknüpfen, wobei sowohl die Analysen als auch die Modellierungen nicht eindeutig möglich sein müssen und somit stets zu Unschärfen bei der Interpretation der Beobachtungsdaten führen. Auf eine andere Methode zur Bestimmung der Rotationseigenschaften von Kometen wurde bereits hingewiesen, nämlich über die mit der Rotation zusammenhängende Krümmung

Komet	Periodendauer [Stunden]	Bemerkungen
P/d'Arrest	5,17±0,01	Fay und Wisniewski (1979)
	6,7 oder 7,9	Whipple (1982)
P/Neujmin 1	25,34	Wisniewski et al. (1986)
	12,67	A'Hearn (1988)
		1,45:1-Achsenverhältnis
P/Encke	22,43	Jewitt und Meech (1987)
		2:1 Achsenverhältnis
	15,08	Luu und Jewitt (1990) Rotations-
		beschleunigung um 21 Minuten
		pro Jahrhundert
P/Arend-Rigaux	13,47	Millis et al. (1988)
		1,6:1 Achsenverhältnis
		ca. 5km-Radius
		0,028 geom. vis. Albedo
P/Giacobini- Zinner	ca. 19	Leibowitz und Brosch (1986)
P/Tempel 2	8,95±0,01	A'Hearn et al. (1989),
		Jewitt und Luu (1989)
		16 km × 8.5 km × 8.5 km
		0,022 geom.vis. Albedo
IRAS-Araki- Alcock	51,36	Sekanina (1983), prograd
P/Halley	52,8 und 177,6	Belton (1991)
	(2,2 und 7,4 Tage)	LAM oder SAM?
Hyakutake	6,1	Jorda, Lecacheux

Tab. 9: Rotationseigenschaften einiger Kometen (nach Belton)

von Jets. In Tabelle 9 werden die Rotationsdaten einiger Kometen dargestellt, von denen auswertbares Beobachtungsmaterial vorliegt. Bemerkenswert sind die teilweise noch großen Ungenauigkeiten.

5. Sublimation und Energiebilanz

Sublimation, also die Freisetzung von Gasen aus ihrer Eisform, ist der grundlegende physikalische Prozeß, der der kometaren Aktivität zugrunde liegt. Die Effektivität dieser Ausgasung hängt im wesentlichen exponentiell von der Temperatur ab. Dies hat ein kräftiges Ansteigen der Sublimationsrate mit der Annäherung der Kometen an die Sonne zur Folge, wobei die Temperatur des sublimierenden Eises aber seine Sublimationstemperatur nicht merklich übersteigen wird, da in diesem Fall einfach größere Mengen des Eises verdampfen, analog der Tatsache, daß Wasser z.B. bei 100° C kocht und bei weiterer Energiezufuhr nur schneller verdampft, aber nicht noch heißer wird. Das beispielsweise beim Kometen *Halley* festgestellte Faktum, daß die mittlere Oberflächentemperatur in Sonnennähe mit über 400 K weit über der Sublimationstemperatur des Wassereises lag, ist ein Hinweis darauf, daß nicht die gesamte Oberfläche ausgast und daß der dominierende Teil der Oberfläche von einem „passiven" und dunklen Mantelmaterial bedeckt ist, das die erwähnten höheren Temperaturen annehmen kann. Wie bereits erwähnt, wird diese Konsequenz durch die vom Kometen gewonnenen Bilder bestätigt, die nur einzelne, lokal eng begrenzte aktive Gebiete zeigen.

Leider liegen keine Temperaturmessungen von der Oberfläche des Kometen an solchen aktiven Gebieten vor, so daß es nach wie vor unklar ist, ob diese aktiven Gebiete Stellen einer freien Sublimation sind, an der das sublimierende Eis direkt an der Oberfläche liegt oder ob sie nur die Austrittsstellen der Gase sind, die an einer unter der dann notwendigerweise porösen Oberfläche liegenden Sublimationsschicht frei werden, sobald die eindringende Wärme bis in diese Tiefen vorgedrungen ist.

Da die Giotto-Beobachtungen die Oberflächen der aktiven Gebiete aber nicht als wesentlich heller ausweisen und Laborexperimente und theoretische Modellierungen auf die Möglichkeit des Wachsens einer kohäsiven Kruste auch über Gebieten mit einer anfänglich freien Sublimation hinweisen, erscheinen Oberflächenmodelle mit einer porösen Deckschicht über einer unterliegenden und sich ständig weiter nach innen schiebenden Sublimationsfront gegenwärtig als am plausibelsten. Damit gewinnen Überlegungen zu den Eigenschaften der

Gasdiffusion durch poröse Medien bei der Modellierung von Kometen entscheidende Bedeutung.

Charakteristisch für die so beschriebene physikalische Situation ist, daß sich je nach der Porengröße des porösen Mediums, und damit in Abhängigkeit von den „Durchströmungsmöglichkeiten" über der Sublimationsfront, ein starker thermischer Druck aufbauen kann, der um so größer sein wird, je kleiner die Porengröße ist. Hier liegt nun die „große Unbekannte" in der weiteren Modellierung der kometaren Oberflächen, denn über die mechanische Struktur dieser Materialien, also ihre Porosität und ihre internen Bindungsstärken, ist bisher außer den recht problematischen Analogien zum lunaren Regolith oder zu trockenem Schnee bzw. den abschätzenden Modellrechnungen mit der Annahme von Van-der-Waals Wechselwirkungen zwischen den Oberflächenpartikeln, nur wenig bekannt. Gänzlich offen ist z. B. noch, ob und wie mit Modellen zu interstellaren bzw. präplanetaren Staubpartikeln nahegelegt, organische Substanzen die Bindungskräfte zwischen den Oberflächenpartikeln ganz wesentlich verstärken können. Als ein indirekter Hinweis darauf, daß die in der Oberfläche aktiver Gebiete entstehenden thermischen Drücke die Stärke der internen Bindungsspannungen übersteigen können, kann verstanden werden, daß aktive kometare Gebiete offenbar recht langlebige Gebilde sind. Das spricht dafür, daß durch die thermischen Drücke und auch über thermische Spannungen die sich bildenden abdeckenden, kohäsiven Deckschichten immer wieder aufgerissen werden können, so daß eine Ausgasung wieder möglich wird. Notwendig ist aber auch, daß dieser Erosionsprozeß zum Abtragen und Abtransport von Materie der Deckschicht führt, da ansonsten die Aktivität des aktiven Gebietes mit Erreichen einer der thermischen Eindringtiefe, die in der Größenordnung von Metern liegen dürfte, vergleichbaren Tiefe der Sublimationsfront nach wenigen Umläufen um die Sonne zum Erliegen käme.

Die Oberflächentemperatur als der Schlüsselparameter der Energiebilanz an der Kometenoberfläche hängt von der effektiv eingestrahlten Energie ab, also von der Entfernung zur

Sonne und der Albedo der Oberfläche, sowie von der temperatur- und materialabhängig von der Oberfläche abgegebenen Wärmestrahlung, der für die Sublimationsprozesse aufzuwendenden Energie und vom Wärmetransport von der Oberfläche nach innen.

6. Kometen im Labor

Neben einer Vielzahl von Laborexperimenten, die spezifischen Fragen zur Physik und Chemie kometarer Eigenschaften galten, insbesondere zur Spektroskopie und Chemie in der Koma, haben die sog. *KOSI*-Experimente (KOSI = „Kometen-Simulation") – initiiert vor allem durch Hugo Fechtig aus der Kosmophysik des Heidelberger Max-Planck-Instituts für Kernphysik und unterstützt von Berndt Feuerbacher, im Institut für Raumsimulation an der DLR (Deutsche Forschungsanstalt für Luft- und Raumfahrt) in Köln im Rahmen eines Schwerpunktprogramms der Deutschen Forschungsgemeinschaft durchgeführt wurden – weitere Einsichten in die Entwicklung kometarer Oberflächen und der sich an und in ihnen abspielenden physikalischen Prozesse geliefert. Dieses experimentelle Forschungsprogramm wurde wissenschaftlich von Eberhard Grün (Heidelberg) und in der Experimentdurchführung von Hermann Kochan (Köln) koordiniert.

Hervorzuheben ist dabei z. B. die Beobachtung, daß sich an der mit simuliertem Sonnenlicht bestrahlten (und so erwärmten) Oberfläche eines stark abgekühlten (ca. 100 K) Eis/Mikrometer-Staub/Gemisches – also eines „Modellkometen" in der Art der Whipple'schen Kometenkerne – ein mehrere Zentimeter dicker „Mantel" aus abgelagertem Staub im Größenbereich einiger Mikrometer bildete. Die Porosität dieses Mantels lag gemäß Thiel und Kölzer bei bzw. leicht unterhalb p=0,1 bei einer Porosität des ursprünglichen Probenmaterials um p=0,5.

Dieser Mantel ist mit seinem „Isolierungs-Effekt" offenbar die Ursache für die gemäß Lämmerzahl beobachtete Reduzierung des Gasflusses mit der Zeit und der Partikelemission infolge seiner schlechten Wärmeleitfähigkeit und der so zunehmend mechanisch und thermisch „abgedichteten" Oberfläche. Die Temperaturen des Staubmantels erreichten an der Oberfläche Werte um 450 K. Dies scheint in der Tat den Beobachtungen z. B. der Halley-Missionen zu entsprechen.

Zu vermuten ist auf den ersten Blick, daß dieser Staubmantel aus ursprünglich mikrometergroßen Partikeln auf der KOSI-Probe im Labor wegen der im Vergleich zu Kometen wesentlich größeren Erdschwerkraft liegen bleiben mußte. Bei einem typischen Verhältnis von ungefähr 1:10 000 zwischen der Schwerkraft an den Oberflächen der Erde bzw. eines mittleren Kometen bedeutet dies, daß analog Teilchen, die etwa zehntausendmal schwerer als die Teilchen im (1–10) m-Bereich sind, also im Größenbereich Millimeter bis Zentimeter (und natürlich größere), auf der kometaren Oberfläche liegen bleiben sollten, falls solche Partikel in Kometen existieren. Radarbeobachtungen weisen in der Tat auf eine derartige Oberflächenrauheit im Zentimeterbereich hin und damit auf die Existenz von Teilchen in diesem Größenbereich.

Ein anderes interessantes Ergebnis bezieht sich auf den Energietransport in der Kometenoberfläche. Wie Benkhoff und Spohn aus dem Vergleich von Modellrechnungen und Experimentergebnissen zeigen konnten, erfolgt nicht nur eine Wärmeleitung, wie sie bei Festkörpern üblich ist, sondern ebenfalls eine auch einwärts gerichtete Ausbreitung über den Gasstrom, der von der Sublimationsfront sowohl nach außen als auch nach innen fließt bzw. „diffundiert". Verbunden damit ist eine Re-Konsolidierung (Re-Kristallisation) der Gase durch Wiederanfrieren an den inneren und kälteren Teilen der Oberfläche. Dadurch wird gemäß Ratke und Thomas insbesondere die Festigkeit dieser tieferen Oberflächenschichten gestärkt, die ansonsten vor allem durch Sinterprozesse weiter verfestigt werden können.

Verknüpft mit der nach innen abnehmenden Temperatur und den Re-Konsolidierungsprozessen in der Oberfläche ist gemäß Roessler die Entwicklung einer chemisch-strukturellen

Schichtung in der Oberfläche zu beobachten. Analoga hierzu sind möglicherweise in aktiven kometaren Gebieten und unterhalb bereits inaktiver Flächen zu erwarten.

7. Die Oberfläche

Die Eigenschaften kometarer Oberflächen sind noch Gegenstand aktueller Forschungen, Genaueres wird wohl erst mit den Bildern der STARDUST-Mission im Jahre 2003 und den Beobachtungen und Messungen vom Lander aus mit der ROSETTA-Mission ab dem Jahre 2011 bekannt werden. Dennoch gibt es bereits als Resultat der VEGA- und Giotto-Missionen und aufgrund von Daten aus astronomischen Beobachtungen und von Laborexperimenten einige Informationen, aus denen über an und in diesen Oberflächen ablaufende Prozesse geschlossen werden kann. Die wichtigsten derartigen Eigenschaften, auf die bereits in den vorhergehenden Abschnitten eingegangen wurde, seien an dieser Stelle noch einmal zusammenfassend dargestellt:

1. Der Hauptteil der Ausgasung erfolgt an Kometenoberflächen in nur eng begrenzten „aktiven" Gebieten, die nur einen kleinen Teil der Gesamtoberfläche ausmachen. Ein Beitrag der möglicherweise wesentlich geringer ausgasenden, „inaktiven" Gebiete zum gesamten Gasfluß ist noch umstritten bzw. unbekannt.

2. Die Oberfläche der Kometen ist bemerkenswert dunkel, die Albedo liegt bei 3% (P/*Halley*). Es ist noch offen, ob dies nur für die inaktiven Gebiete oder für die gesamte Oberfläche gilt. Aus den Giotto-Beobachtungen folgt aber bereits, daß, wenn überhaupt, aktive Gebiete nur wenig heller als inaktive Regionen sind.

3. Die Oberfläche, deren chemische und mineralogische Zusammensetzung noch völlig unbekannt ist, emittiert zumindest in aktiven Gebieten sowohl Gase als auch Staub und größere Partikel. Nimmt man an, daß die chemische Zusammensetzung der emittierten Staubteilchen bis auf die sublimierten Gase gleich der Zusammensetzung der Oberfläche ist,

so bedeutet dies, daß sie sowohl aus gesteinsbildenden Elementen als auch aus organischen Substanzen besteht.

4. Radarmessungen weisen auf eine Porosität hin, die mit der einer locker gepackten, tiefen Schneeschicht vergleichbar ist (P/*Halley*, *IRAS-Araki-Alcock*), und auf eine Oberflächenrauhigkeit sowohl im Zentimeterbereich (*IRAS-Araki-Alcock*, „zutage liegende konsolidierte Teilchen, die besser reflektieren als der Rest der Oberfläche") als auch, analog zu Asteroiden, im Bereich von Metern und mehr hin (*IRAS-Araki-Alcock*). Die Radarechos lassen auf eine „sehr rauhe" Oberfläche schließen, die sich in ihren Streueigenschaften (der Radarsignale) sehr von denen z. B. des Mondes unterscheidet. Unterschiede zwischen aktiven und inaktiven Gebieten konnten allein schon wegen der geringen Auflösung mit den Radarbeobachtungen nicht gemacht werden, so daß davon auszugehen ist, daß sich die Ergebnisse dieser Beobachtungen zumindest auf die dominierenden inaktiven Gebiete beziehen.

5. Die Oberflächentemperaturen inaktiver Gebiete liegen bei einer Sonnenentfernung von 1 AE bei etwa 400 K (P/*Halley*, KOSI). Die Oberflächentemperatur aktiver Gebiete ist noch unbekannt, sie liegt sicher unterhalb der inaktiver Gebiete, bei freier Sublimation würde sie ca. 210 K betragen.

6. Die Physik der Oberfläche zumindest aktiver Gebiete ist durch Sublimationsprozesse und resultierende Gas- und Partikelemission zu charakterisieren. Dabei ist es noch offen, ob die Sublimation direkt an der Oberfläche stattfindet und z. B. wie im Rahmen des Whipple'schen Ansatzes dabei zur Emission von Gas und mitgenommenem Staub führt, oder aber, ob die Sublimationsfront bereits unterhalb einer dann natürlich porösen Oberfläche liegt, und das Gas erst durch diese poröse Schicht diffundieren muß, ehe es die Oberfläche erreicht. Die Emission größerer Teilchen mit Radien über dem Porenradius wäre dann nur als Folge einer aber durchaus möglichen Oberflächenerosion infolge thermischer Spannungen und des inneren Gasdruckes zu verstehen.

Für das Modell einer abdeckenden Oberfläche auch über aktiven Gebieten sprechen ebenfalls die Ergebnisse der KOSI-

Experimente, die auch für ein aktives Gebiet das Wachsen einer abdeckenden Staubschicht infolge der Kohäsion zwischen den Staubteilchen zeigen. Im folgenden wird daher hauptsächlich auf die Modellvorstellungen zu kometaren Oberflächen eingegangen, die von einer Deckschicht über der tieferliegenden Sublimationsschicht ausgehen. Demgemäß sei angenommen, daß oberhalb eines sublimierenden Gebietes eine poröse Schicht liege, die bei inaktiven Gebieten so dick sein kann, daß sie eine effektive Ausgasung praktisch erstickt, und die andererseits über einem aktiven Gebiet, z. B. infolge ständiger Erosion, so durchlässig sei, daß die Gas- und Staubemission durch sie praktisch nicht behindert wird. Damit sind in einem solchen vereinheitlichenden Oberflächenmodell beide Extreme kometarer Oberflächenaktivität darstellbar; wobei es in diesem Zusammenhang nicht darauf ankommen soll, ob es sich um eine praktisch schon seit der Entstehung des Kometen vorhandene, „gewachsene" poröse und kohäsive Schicht im Sinne von Keller und Kührt handelt, oder aber um eine als Folge der während der Ausgasung erfolgenden Ablagerung refraktärer „Agglomerate" entstehende Mantelschicht. Wobei diese Agglomerate entweder bereits in der ursprünglichen Kometenmaterie eingelagert gewesen sein könnten oder aber auch an der heißen Oberfläche im Zusammenhang mit der Sublimation und möglichen chemischen Prozessen, z. B. unter Beteiligung organischer Substanzen, wachsen können. Beide scheinbar konträren Modellansätze mit einer kohäsiven Matrix refraktärer Elemente mit Wassereis-Einlagerungen bzw. als Schnee-Eis-Körper mit Staubeinlagerungen könnten übrigens das breite Spektrum kometarer Eigenschaften verständlicher machen, die von hohen Wassereis-Gehalten bis zu nahezu asteroidalen Zusammensetzungen (vgl. *Shoemaker-Levy 9*) ausgehen.

Das Wachstum von Agglomeraten, also locker „zusammengepackter" bzw. „zusammengebackener" Körper, ist möglicherweise ein für Kometenoberflächen charakteristischer Prozeß, zumindest für solche, die im Whipple'schen Sinne aus Eis und Staub bestehen, also aus einem Gemisch zusammenge-

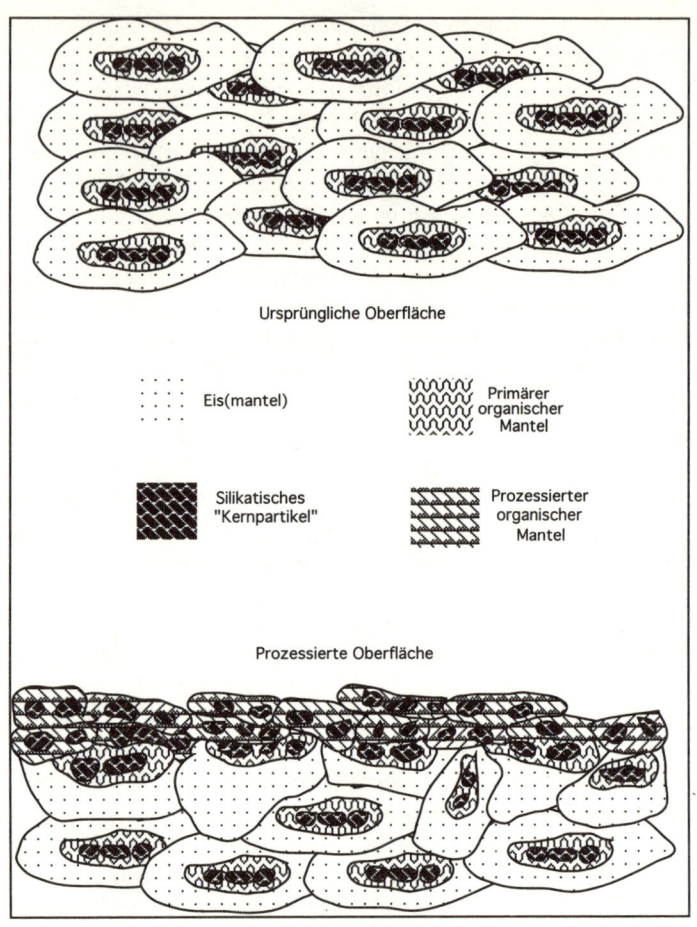

Abb. 10: Evolution einer kometaren Oberfläche

lagerter, eisummantelter interstellarer Partikel. Infolge der
Erwärmung gasen die Eise und leichtflüchtigen Bestandteile
der die silikatischen Kernpartikel ummantelnden organischen
Verbindungen aus. Übrig bleiben die nunmehr mit prozessierten organischen Verbindungen ummantelten silikatischen Be-

standteile, die dann gegebenenfalls auch mit dem Gasstrom die Oberfläche verlassen können. Aber nicht alle dieser „reduzierten" Teilchen werden so wegbewegt. Die in ihrer Chemie neu geformten organischen Mäntel können durchaus ausreichend kohäsiv sein, um, quasi als Klebstoff wirkend, zu einem neuen Verbund von Teilchen zu führen, der durch kohäsive Bindung weiterer Teilchen wachsen kann (vgl. Abb. 10). Durch seine Bindungen an die Umgebung festgehalten, könnte ein so wachsendes refraktäres Teilchen in der Oberfläche verbleiben, die sich dann letztlich als Verbund solcher kohäsiv gebundener refraktärer Teilchen darstellt (vgl. Abb. 10). Daß ein solcher Mechanismus auch bereits ohne wesentlichen Einfluß von Organika bei nahezu reinen Mineral-Eis-Gemischen einsetzen kann, belegen die Mantelbildungsprozesse, wie sie bei den KOSI-Experimenten untersucht wurden.

Zerstört werden könnte eine solche ansonsten zunehmend inaktiver werdende Oberfläche dann z. B. infolge sich aufbauender Gasdrücke oder auch von Thermospannungen. Die so resultierenden Risse in der Oberfläche könnten so die lange Lebensdauer aktiver Gebiete erklären, und auch die Existenz größerer Agglomerate, die als Folge der genannten strukturzerstörenden bzw. erodierenden Kräfte freigelegt bzw. erzeugt werden können. Neben den Wachstumsprozessen sind also auch die erosionsbedingten Abtragungen für die Langlebigkeit aktiver Gebiete entscheidend.

Damit ergeben sich zusammenfassend die folgenden Charakteristika kometarer Oberflächen: Aktive Gebiete sind poröse Oberflächen mit einer unterliegenden und nach innen wandernden Sublimationsschicht, von der aus die Gase die Oberfläche infolge Diffusion durch die poröse Deckschicht erreichen. Die Dicke der Deckschicht kann ohne Erosion, d. h. abtragende Prozesse, maximal die Größenordnung von Metern erreichen, bei der dann die Aktivität erlischt. Erosionsprozesse infolge thermischer Spannungen und eines schichtinternen Druckaufbaues halten an aktiven Gebieten die Dicke der Deckschicht vermutlich wesentlich kleiner. Die Temperatur wird im wesentlichen durch die Eigenschaften des ober-

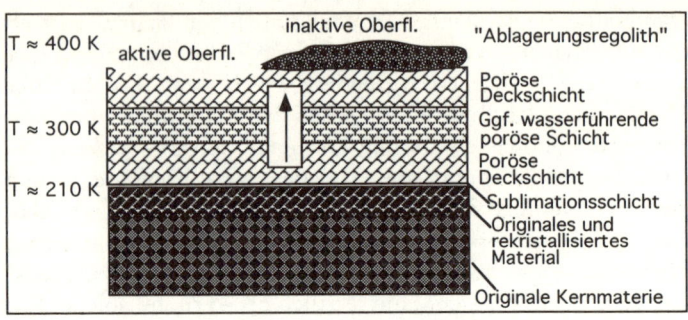

Abb. 11: Poröse kometare Kruste. Der Pfeil gibt die Richtung der Gasdiffusion an.

sten Oberflächenmaterials bestimmt, sie ist deutlich höher als im Fall der freien Sublimation. Die internen Bindungsspannungen können im Fall lockeren Regoliths, also bei Van-der-Waals Bindungen der kleinen refraktären Partikel, im Bereich einiger kPa liegen. Organische Verbindungen oder bereits mit der Entstehung der Kometen gewachsene kokärente Strukturen aus kohäsiv-refraktärem Material könnten diese Bindungsstärken in noch unbekanntem Maße verstärken.

Damit ergibt sich für die Struktur einer Kometenoberfläche folgendes Prinzipienbild (Abb. 11). Oberhalb einer Sublimationsfront liegt eine schon ausgegaste bzw. aus zurückgefallenen Teilchen bestehende poröse Kruste, durch die die volatilen Gase nach außen strömen (diffundieren).

Falls diese Kruste undurchlässig für diese Gase ist, liegt ein inaktives Gebiet vor. Im Falle einer ausreichend porösen, also quasi „offenen" und gegebenenfalls recht dünnen Kruste ohne wesentliche Ablagerungsabdeckung, ist diese Oberfläche „aktiv", die Gase können abströmen. Die sich in der porösen Schicht aufbauenden Gasdrücke können übrigens unter geeigneten Umständen (kleine Poren, hohe Temperaturen) dazu führen, daß Wasser in der flüssigen Phase auftreten kann.

Möglich ist auch, daß der Gasfluß unter der Oberfläche nicht, wie in der Abbildung 11 dargestellt, direkt vertikal zur

98

Oberfläche führt, sondern daß aktive Gebiete quasi „Quellgebiete" sind, an denen die aus einem größeren, unter der Oberfläche liegenden Einzugsbereich angesammelten Gase an der Oberfläche ausströmen können.

Im Fall direkter Sublimationsgebiete hat übrigens der resultierende Massenverlust allein des Wasser-Eises Abtragungen der so gearteten aktiven Gebiete zur Folge, die bei einer Tiefe von ca. 25 cm bei einer Tageslänge um 2,2 Tage (wie bei P/*Halley*) liegen, und die bei ca. 200 Tagen in Sonnennähe (100 „Bestrahlungstage") eine Tiefe um 25 m erreichen können. Diese Abtragungen können übrigens noch stärker sein, wenn der Staub aus diesem Gebiet ebenfalls abtransportiert wird, was ja im Rahmen der Modelle einer freien Sublimation geschehen muß. Damit sind die Sublimationsprozesse an Kometen direkt oberflächenformend.

Mit lokalen Abtragungen kann auch das Entstehen von Hängen verbunden sein, da die solare Strahlung nicht in tiefe „Löcher" eindringen kann, wohl aber die beschienenen Ränder oder Hänge erwärmen kann. Solche Hänge, die einen geeigneten Winkel zur Sonne haben („Südlage"), werden dann wie eine „Fräse" über die Oberfläche des Kometen wandern und die jeweilig oberen Schichten der Oberfläche abtragen, und dies auch im Fall einer porösen Oberfläche, solange der sich aufbauende Gasdruck in der Lage bleibt, die poröse und kohäsive Deckschicht aufzubrechen. An den Füßen solcher Hänge könnten sich in solch einer Situation dann vorzugsweise die größeren Agglomerate ansammeln, die nicht von dem frei werdenden Gasstrom mitgenommen werden.

Das Ausgasen kometarer Oberflächen kann übrigens einen weiteren und interessanten Nebeneffekt haben, nämlich das zeitweilige Rollen größerer Agglomerate über die Oberfläche. Dieser Effekt rührt daher, daß wegen der so geringen Schwerkraft an der Oberfläche die potentielle Energie eines solchen Körpers so gering ist, daß bereits sehr kleine Kräfte parallel zur Oberfläche ausreichen, um den Körper über die Oberfläche zu bewegen.

8. Der kernnahe Raum .

Die Aktivität von Kometenkernen führt, wie bereits erwähnt, zur Emission von Gasen, Staub und gegebenenfalls auch größeren Körpern. Auf die Gase soll hier nicht weiter eingegangen werden, sie bilden die Koma und verlieren sich mit der weiteren Expansion der Koma im interplanetaren Raum, wobei der durch die solare UV-Strahlung ionisierte Teil der Koma den Plasma-Schweif bildet. Die von den Gasströmen mitgerissenen größeren, festen Partikel führen jedoch zu einer für Kometen typischen „Teilchenpopulation" in der direkten Umgebung dieser Kerne, während die kleinern, nur mikrometergroßen Staubpartikel so weit vom Gas in die Koma mitgenommen werden, daß sie nach ihrer Entkopplung von dem infolge der Expansion dünner werdenden Gas unter dem Einfluß des Sonnenlichts und der Schwerkraft der Sonne den Staubschweif bilden.

Besonders interessant sind die z.B. auch für direkte Kometenmissionen wichtigen größeren Teilchen, deren Größenspektrum noch zu definieren ist. Sie dürften den kernnahen Raum bevölkern, wobei dieser von der Größe her durch die „Hill-Sphäre" des Kometenkerns bestimmt ist, die z.B. beim Kometen P/*Halley* in einer AE Sonnenentfernung einen charakteristischen Radius von ungefähr 700 km hat. Die Hill-Sphäre ist dabei das Gebiet, in dem sich Teilchen unter dem Einfluß der kometaren Schwerkraft bewegen können, ohne durch die Störungen infolge der Gravitation der Sonne wesentlich beeinflußt zu werden; es ist dies praktisch das gravitative Einflußgebiet des Kometenkerns, in dem seine Gravitation die Teilchen „eingefangen" hält. Die genaue Definition der Hill-Sphäre erfolgt im Rahmen des gravitativen „Dreikörper-Problems". Dabei sind diese Bahnen in der Hill-Sphäre wegen der Störungen durch die Sonne gewiß keine Keplerbahnen, sie werden im allgemeinen auch keine geschlossenen Kurven darstellen, da die Form des Kometenkerns deutlich von der Kugelgestalt abweicht. Es liegt also keine gravitative Punktmasse des Kometenkerns vor, sondern ein recht ungleichmäßig gestaltetes Schwerefeld, das z. B. in erster Näherung mit dem eines dreiachsigen Ellipsoids zu beschreiben wäre. Hinzu kommt bei diesen komplizierten Bewegungen dann noch die Wirkung des Lichtdruckes und der ausströmenden Gase.

Solche relativ unregelmäßigen Bahnen sind mathematisch schwer zu erfassen und darzustellen, und es ist dementsprechend schwer, ein verläßliches quantitatives Modell des Teilchen-Halos um einen Kometenkern anzugeben. Größenordnungsmäßige Abschätzungen zeigen, daß in den inneren Teilen der Hill-Sphäre eines Kometenkerns mit einem Radius von 5 km nur die mikrometergroßen und kleineren Partikel durch den Lichtdruck ernsthaft in ihrer Bewegung im Vergleich zur kometaren Gravitation beeinflußt werden können, während in ihren äußeren Teilen sogar Teilchen mit Radien von mehreren Zentimetern durch den Strahlungsdruck in ihrer Bewegung gesteuert werden. Wie Rechnungen von Richter und Keller zeigen, können Teilchen auf solchen entfernteren Bahnen durchaus eine Lebenszeit haben, die der Umlaufzeit des Kometen vergleichbar werden kann. Damit ist davon auszugehen, daß, wie auch die bereits erwähnten Radarbeobachtungen zeigten, ein Kometenkern in seiner Hill-Sphäre von einem Halo von Partikeln umgeben ist, deren Größen durchaus mehrere Zentimeter bis hin zu Dezimetern erreichen können. Die Lebensdauer solcher Teilchenbahnen kann dabei die Größenordnung der Umlaufzeit erreichen, so daß dieses Halo vor allem in aktiven Phasen in Sonnennähe aufgefüllt wird, durchaus aber auch noch in den sonnenferneren Bahnteilen, dann natürlich mit wesentlich weniger Teilchen, angefüllt sein kann.

9. Kometen und Asteroiden

Neben den Kometen zählen die Asteroiden, auch *Planetoiden* oder *Kleine Planeten* genannt, zu der Gruppe der Kleinkörper im Sonnensystem, zu der auch noch die kleineren und unregelmäßigen Monde einiger Planeten gehören, die vermutlich zumindest teilweise durch Einfang von Kometen oder Asteroiden entstehen. Auf diese Asteroiden soll im folgenden kurz eingegangen werden, um die Gemeinsamkeiten und Unterschiede zwischen Kometen und Asteroiden deutlich zu machen.

Die Asteroiden sind Körper mit Durchmessern im Bereich von einigen hundert Metern bis hin zu nahezu tausend Kilometern. Bei noch kleineren Durchmessern findet dann ein Übergang zu den sogenannten Meteoriden statt, welche die Quelle der Meteoritenfälle bei größeren Körpern und auch der Sternschnuppen bei nur millimetergroßen Körnern sind. Die Asteroiden bewegen sich hauptsächlich im Gebiet zwischen Mars und Jupiter, wobei der Jupiter ihre Bahnen z. B. in den „Resonanzen", vornehmlich bei Umlaufperioden von 1/3, 2/5, 3/7, 1/2 und 3/5 der Umlaufzeit des Jupiter von 11,86 Jahren, so stark stört, daß diese Körper dann z. B. bis in die Gebiete der Marsbahn oder auch der Erdbahn gestreut werden. Es wird angenommen, daß so auch zumindest der größte Teil der Meteorite und Meteore, also der kleineren und in der Erdatmosphäre verglühenden Körper, die Erde erreicht.

Im Rahmen dieses Buches ist der mögliche Zusammenhang von Kometen und Asteroiden von besonderem Interesse. Hierbei kommen dann natürlich insbesondere die „primitiven" asteroidalen Körper in das Blickfeld, die „primitiv" oder „ursprünglich" sind, weil sie noch nahezu dieselbe Häufigkeit der Elemente aufweisen, wie sie auch in der präplanetaren Scheibe vorhanden war und wie sie sich heute noch in der solaren und chondritischen Elementenhäufigkeit darstellt. Damit ist auch bereits gesagt, daß die chondritischen Meteorite, und dabei insbesondere die wasserhaltigen, kohligen CI-Chondrite, die ihr Pendant in der taxonomischen C-Gruppe der Asteroiden finden, bis auf einige sehr leichtflüchtige Elemente noch diese Zusammensetzung haben.

Allerdings ist es gegenwärtig noch nicht klar, ob die Kometen in der Tat die Quelle der C-Gruppe im Asteroidengürtel sind oder ob sie nur eine weitere aus der Jupiterfamilie der Kometen ableitbare Teilgruppe dieser primitiven Körper darstellen. Möglicherweise gibt es in diesem Sinn keine prinzipiellen Unterschiede, sondern in gewisser Weise einen fließenden Übergang von den C-Asteroiden insbesondere zu den Kometen, die über einen relativ höheren refraktären Anteil in ihrer Zusammensetzung und damit im Sinn über eine auch festere Konsistenz verfügen, so daß sie nicht dem vielen Kometen inhärenten Schicksal des fortschreitenden Zerfalls ausgesetzt sind, sondern als zunehmend ausgegaste Körper mit einer den primitiven Asteroiden vergleichbaren Oberfläche ein inaktives kometares Endstadium erreicht haben. Dabei ist es durchaus vorstellbar, daß die physiko-chemischen Prozesse an und in der in Sonnennähe aufgeheizten kometaren Oberfläche zu solchen Körpern führen, wie sie mit den CI-Chondriten vorliegen. Verläßlichere Antworten hierzu könnte man erhalten, wenn man einen Meteoritenfall eindeutig einem Kometen zuordnen könnte, was bisher noch nicht der Fall war.

V. Koma und Schweife

Die Umgebung eines Kometenkerns ist durch physikalische und chemische Prozesse bestimmt, die durch das von den aktiven Gebieten abströmende Gas und den von ihm mitgenommenen Staub ausgelöst werden, wie z.B. chemische Reaktionen, vermittelt auch durch den Staub als Katalysator und Gasquelle, Dissoziation, Photolyse und Ionisation infolge des Sonnenlichtes, und z.B. Wechselwirkung des Sonnenwindes mit den ionisierten Gasen über Ladungsaustausch und Impulsübertragung, Strahlungsdruck und die Ausbildung der Schweife. All diese Prozesse sind miteinander verknüpft, was ahnen läßt, daß das Vorhaben eines globalen physiko-chemischen Modells der Koma ein sehr aufwendiges und kompliziertes Unterfangen ist. Aus diesem Grund sollen im Folgenden nur einige aber wesentliche Aspekte bei der Beschreibung der Eigenschaften der kometaren Koma und der Schweife herausgestellt werden.

1. Die Struktur der Koma

In ausreichender Nähe zur Sonne beginnen die kometaren Eise aus volatilen Substanzen zu sublimieren und vom Kometen abzuströmen. Bei ungefähr einer astronomischen Einheit Sonnenentfernung liegt die Sublimationsrate Z für Wassereis bei 10^{22} Molekülen pro Quadratmeter und Sekunde ($Z \approx 10^{22}$ m^{-2} s^{1}). Übrigens folgt hieraus bei Berücksichtigung einer aus astronomischen Beobachtungen ableitbaren globalen Gas-Produktionsrate des Kometen *Halley* in Perihelnähe von $(6-7)$ 10^{29} Molekülen pro Sekunde eine aktive, also ausgasende Fläche von ungefähr $(3-4)$ $10^{7} m^{2}$ (30–40 Quadratkilometer), was etwa 10% der Gesamtoberfläche entspricht. Bei einer Temperatur aktiver Oberflächen von knapp 200 K liegt die Ausströmgeschwindigkeit größenordnungsmäßig bei $v_a \approx (kT/m)^{1/2}$ ≈ 300 m/s. Daraus folgt in Oberflächennähe direkt über einem aktiven Gebiet mit $n_{Ob} = Z/v_a$ eine Teilchendichte an der Oberfläche von $n_{Ob} \approx (10^{19}-10^{20})$ Molekülen/m^{3}. Die Sublimationsraten einiger kometenrelevanter Gase sind zusammen mit ihren Sublimationstemperaturen für eine freie Sublimation „ins Vakuum hinein" in der folgenden Tabelle 10 angegeben.

Aus dieser Tabelle ist übrigens auch zu entnehmen, daß Kometen bereits weit außerhalb der „Wassereis-Sublimations-grenze" aktiv sein können, falls z. B. Eise von CO oder Methan in ausreichender Menge vorhanden und freisetzbar sind. Eine Behinderung dieses Ausflusses kann nämlich dann gegeben sein, wenn die bereits erwähnten Wasser-Klathrate vorliegen, bei denen die Wassermoleküle des Eises netzartig kleine Höhlen bilden, in denen Moleküle anderer Verbindungen eingefangen sind und die sie auch in Gasform nicht verlassen können, weil sie zu groß sind um aus ihrem „Käfig" aus Wassermolekülen zu entkommen. Hiermit wird übrigens das Beobachtungsergebnis verständlich, daß das Auftreten mancher volatiler Gase zumindest bei einigen Kometen an Wasser gekoppelt scheint, also erst dann beobachtbar wird, wenn das Wassereis sublimiert, obwohl die Sublimationstemperatur dieser Volatilen schon viel eher erreicht wurde.

Die mittlere freie Weglänge l_f der Wassermoleküle in Oberflächennähe folgt über $l_f = 1/Qn_{Ob}$ zu $l_f \approx 10$ cm bis $l_f \approx 1$ m, wenn ein Wirkungsquerschnitt von $Q \approx 10^{-19}$ m^{-2} angenommen wird. Mit anderen Worten, die Moleküle stoßen infolge ihrer

Eis	Sublimationsrate [10^{22} Mol./m^2 s]	Sublimationstemperatur [K]
Stickstoff	14,3	40
CO	13,0	44
Methan	10,6	55
Formaldehyt	5,0	90
Ammoniak	3,7	112
CO_2	3,5	121
Wasserstoffcyanid	2,3	160
Ammoniak-Wasser	2,7	213
Wasser-Klathrate	1,9	214
Wasser	1,7	215

Tab. 10: Sublimationsraten und -temperaturen kometenrelevanter Gase

thermischen Bewegung unmittelbar nach Verlassen des Kometen häufig zusammen, sie werden „thermalisiert", d.h. auf eine Temperatur gebracht, und „isotropisiert", was bedeutet, daß sich in der Folge der vielen Zusammenstöße zwischen den Molekülen das entweichende Gas praktisch in alle Richtungen gleichmäßig um den Kometenkern ausbreitet.

Bis zu einem Abstand von ungefähr $R \approx 10^3 \, R_N$ ist so die Expansionsgeschwindigkeit um den Faktor drei bis vier angestiegen, sie liegt damit in der Koma mit einem Wert von (1–2) km/s im Überschallbereich. Die innere und durch ihre intermolekularen Stöße zu charakterisierende Koma endet bei einem kritischen Radius R_c, bei dem gilt $R_c = l_f$, d.h. gemäß den obigen Werten bei $R_c \approx (10^3 - 10^4)$ km. Die Dynamik der Strömung und Expansion der inneren Koma kann mit hydrodynamischen Modellen beschrieben werden, was wegen ihrer geringen Gasdichte und den resultierenden, sehr groß gewordenen freien Weglängen nicht mehr für die äußere Koma gilt, die als Gebiet eines freien Molekülflusses zu charakterisieren ist.

Der sich in der inneren Koma aufbauende thermische Druck führt übrigens nicht nur zu Beschleunigungen vom Kern weg, sondern etwa bei lokal begrenzten Quellen auch zu lateralen Kräften, die einen Teil der Gase und des Staubes insbesondere in Oberflächennähe z. B. auf die Nachtseite lenken, wo besonders die Volatilen wieder „anfrieren" können, und wo sich dann auch kleinere Partikel wieder ablagern und die eventuell recht unebene Oberfläche etwas glätten könnten. Gebiete, die z. B. wegen starker Polneigungen längerzeitig ständig auf der Nachtseite waren, sollten in diesem Falle merklich sanfter gestaltet sein. Die Annahme einer deutlich unebenen bzw. geröllartigen Oberflächenstruktur in passiven Gebieten rührt, wie bereits erwähnt, daher, daß große Partikel im Zentimeter- bis Meterbereich (je nach Masse des Kerns) zwar von dem ausströmenden Gasstrom aufgehoben und leicht bewegt werden können, letztlich aber wieder auf die Oberfläche zurückfallen müssen.

Die Häufigkeit (relativ zu der des Wassers) von in der Koma des Kometen P/*Halley* gefundenen Muttermolekülen ist in der folgenden Tabelle dargestellt. Dabei ist darauf hinzuwei-

Verbindung	Häufigkeit [%]	Bemerkungen
CO	7	direkt aus dem Kern
	10–20	aus Kern und zerfallenden Teilchen
		1% bei Komet Bradfield (1979 X)
		27% bei Komet West (1976 VI)
CO_2	1,5–3,5	
Methan CH_4	0,2–1,2	<4%, schwer zu bestimmen
Ammoniak NH_3	0,1–0,4	schwer zu bestimmen
Molekularer Stickstoff N_2	$\approx 0,04$	
Formaldehyd H_2CO	4,5	
Polyoxymethylen? (POM) $(H_2CO)_n$		Bestandteil der Staubkörner $2 \cdot 10^{-2}$–$6 \cdot 10^{-3}$ des Staubanteils
HCN	$< 2 \cdot 10^4$	
CS_2	$\approx 0,001$	isoliertes S_2 ebenfalls möglich (interstellarer Ursprung!)
OCS	< 1%	
Polyzykl. aromatische Kohlenwasserstoffe? (PAH)	<1%	

Tab. 11: Relative Häufigkeiten (bezogen auf Wasserdampf = 100%, der zu ca. 80% zu den ausgasenden Volatilen beiträgt) von Muttermolekülen in der Koma des Kometen P/*Halley* (nach Krankowsky). Die Fragezeichen weisen darauf hin, daß diese Verbindungen noch nicht sicher nachgewiesen werden konnten.

sen, daß es zwei Quellen für diese Muttermoleküle gibt, nämlich die ausgasenden Gebiete an der Kometenoberfläche und die in die Koma transportierten und dort unter dem Einfluß der Sonnenstrahlung zerfallenden Eis-Staub-Teilchen, die ebenfalls noch unveränderte Gase freisetzen können.

Eine interessante Rolle bei der Aufklärung der Entstehung und Entwicklung von Kometen spielen die Isotopenhäufigkeiten in den kometaren Volatilen, da sie Auskunft darüber geben können, wo die relativen Elementehäufigkeiten „eingefroren" wurden, und damit auch, woher sie kommen. Generell ist dabei festzustellen, daß die beobachteten Isotopenhäufigkeiten mit den für das Sonnensystem typischen mittleren Werten übereinstimmen, daß also die Kometen aus demselben Materiereservoir stammen, aus dem auch das Sonnensystem entstand. Dies ist ein sehr gewichtiges Argument gegen die Annahme, daß Kometen interstellare Wanderer sind, die ab und zu auch unser Sonnensystem kreuzen und dabei eingefangen werden können.

Eine besonders interessante Schlußfolgerung ist u.a. hinsichtlich der Herkunft des Wassers auf der Erde aus dem Verhältnis von Deuterium zu Wasserstoff abzuleiten. Die Messungen des Verhältnisses HDO/H_2O mit der Giotto-Sonde in der Koma des Kometen *Halley* haben einen Wert zwischen $5 \cdot 10^{-5}$ und $5 \cdot 10^{-4}$ ergeben, der auch für die Atmosphären des Titan und der äußeren Planeten Uranus und Neptun gilt. Dieser Wert ist aber um einen Faktor zehn größer als z.B. in Meteoriten, in den Atmosphären von Jupiter und Saturn und auch in Modellen der mittleren Zusammensetzung der präplanetaren Scheibe. Aber, und das ist das Interessante, er stimmt mit dem Wert des mittleren irdischen Ozeanwassers (*Standard Mean Ocean Water* = SMOW) überein. Bedenkt man nun, daß die Erde in einem Gebiet der präplanetaren Scheibe entstand, in dem es für Wasser viel zu heiß war, und daß die „Urerde" demnach praktisch wasserfrei gewesen sein muß, so bedeutet diese Übereinstimmung der D/H-Werte von SMOW und kometarem Wasser, daß das Wasser zum großen Teil erst durch die Kometen auf die Erde gebracht wurde. Dies ist übrigens auch eine Konsequenz der Modelle, die davon ausgehen, daß die Kometen im Gebiet um und außerhalb des Neptun entstanden sind, und dann durch die gravitativen Störungen der großen Planeten sowohl in die Oortsche Wolke als auch in das innere Sonnensystem gestreut wurden. Hier haben sie dann den gesteinsartigen Planeten, wie z.B. der Erde und dem Mars, quasi in einer zweiten Entstehungsphase das Wasser und andere Volatile (und damit auch nicht-biologische organische Verbindungen) gebracht. Es ist wichtig, hier festzuhalten, daß Heinrich Wänke vom Arbeitsbereich Kosmochemie des Max-Planck-Instituts für Chemie (Mainz) aufgrund ganz anderer Untersuchungen der Elementehäufigkeiten bei Erde, Mars, Mond und Meteoriten zum gleichen Schluß eines „Zwei-Etappen-Wachstums" der terrestrischen Planeten gelangt ist; also eines primären Wachstums der gesteinsartigen Planeten, dem ein späterer, zweiter Schub mit leichtflüchtiger Materie folgte, die dann insbesondere die Krusten und Mäntel dieser Körper aufbaute.

2. Der Staub in der Koma

Die physikalischen und chemischen Eigenschaften der Staubpartikel in der Koma des Kometen *Halley* konnten, aufbauend auf den Arbeiten von Hugo Fechtig insbesondere mit den Staubmassenspektrometern aus der Kosmophysik des Heidelberger Max-Planck-Institut für Kernphysik, erstmals in situ sowohl von den VEGA-Sonden (Experiment *PUMA*) als auch von der Giotto-Sonde (Experiment *PIA*) aus untersucht werden. Bei diesen Experimenten wurde die hohe Relativgeschwindigkeit des Kometen zu den Sonden ausgenutzt. Die Staubpartikel prallten mit einer Geschwindigkeit von über 60 km/s auf eine Zielfläche, wobei sie infolge der starken Hitzentwicklung beim Aufprall Plasmawolken bildeten, die dann mit massenspektrometrischen Methoden analysiert wurden; d.h. es wurde untersucht, welche ionisierten Elemente und Moleküle in diesen Plasmawolken vorhanden waren.

Um Mißverständnissen vorzubeugen, sei bereits an dieser Stelle darauf hingewiesen, daß die Staubpartikel keine „unveränderlich festen Einheiten" sind, sondern daß sie durchaus noch Veränderungen unterworfen sind, wenn sie die Oberfläche verlassen haben und der direkten Sonnenbestrahlung ausgesetzt sind. Sie werden so z.B. thermisch aufgeheizt, dabei volatile Verbindungen verlieren und bei diesem Auflösungsprozeß weiter zerfallen. In der Tat ist dieser Zerfall und die damit verbundene Freisetzung von Gasen ein wesentlicher Prozeß in der Koma. Dies gilt beispielsweise für das Kohlenmonoxid (CO), das zu etwa zwei Dritteln aus den zerfallenden Teilchen freigesetzt wird.

Aus den Untersuchungen mit den oben erwähnten Staub-Massenspektrometern konnte abgeleitet werden, daß das Plasma der Staubpartikel vor allem eine organische Phase aus C, H, O und N (die sog. CHONs) und auch gesteinsbildende Elemente („Silikate") enthielt, wobei der Sauerstoff nicht aus den magnesiumreichen Silikaten, sondern aus organischen Verbindungen resultiert (Jessberger und Kissel). Der Nachweis der Existenz der CHONs, deren Masse bei 10^{-19} kg liegt, ist eine der herausragenden Entdeckungen der *Halley*-Missionen, folgt doch daraus z.B. die Existenz organischer Materie in Kometen.

Aus der Tatsache, daß die CHON-Ionen eine im Mittel höhere Anfangsenergie als die Silikationen hatten, folgerten Krüger und Kissel auf die Existenz einer Kern-Mantel-Struktur bei den Staubpartikeln, wobei der Mantel aus refraktären Organika besteht, die beim Abplatzen infolge des Aufpralls relativ höhere kinetische Energien erhalten, während der Kern silikatisch sein sollte. Dies Resultat entspricht dem Greenberg'schen Ansatz, der die Existenz derartig strukturierter interstellarer Teilchen postuliert (vgl. Abb. 12).

Damit ist auch der Zusammenhang von interstellarer und präplanetarer Materie direkt belegt. Die organischen Verbindungen sind hierbei gemäß Krüger komplexe und ungesättigte Polykondensate, die in der Koma in volatile und refraktäre Anteile zerfallen. Interessant ist in diesem Zusammenhang, daß mit den Kometen nicht nur das Wasser, sondern auch diese Organika auf die frühe Erde kamen und somit dabei mitgewirkt haben könnten, die Voraussetzungen für das Leben auf der Erde zu schaffen.

Mit der Unschärfe eines Faktors von ca. 2 ist es so möglich geworden, die chemische Zusammensetzung der Staubpartikel am Kometen *Halley* zu ermitteln. Die damit ermittelten Elementehäufigkeiten sind in Tabelle 12 dargestellt, wobei zum Vergleich die mittleren Werte für das Sonnensystem und die CI-Chondrite angegeben sind. Diese Chondrite werden als seit ihrer Entstehung nur wenig veränderte Körper aus dem frühen Sonnensystem angesehen. Sie enthalten aber, wie die Tabelle 12 zeigt, offenbar weniger CHON-Elemente als der *Halley*-Staub.

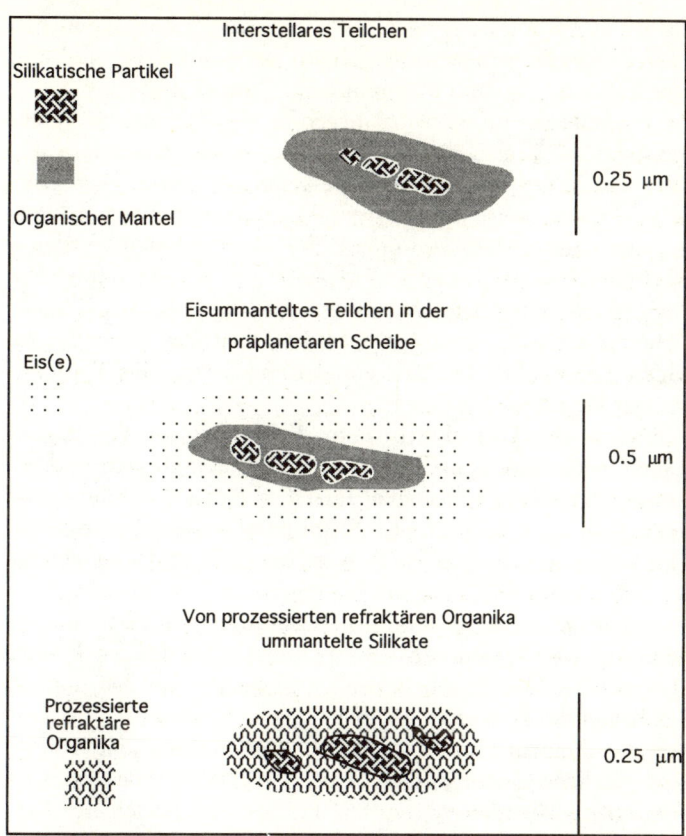

Interstellares Teilchen

Silikatische Partikel

Organischer Mantel

0.25 μm

Eisummanteltes Teilchen in der
präplanetaren Scheibe

Eis(e)

0.5 μm

Von prozessierten refraktären Organika
ummantelte Silikate

Prozessierte
refraktäre
Organika

0.25 μm

Abb. 12: Interstellarer, präplanetarer und kometarer Staub (nach Greenberg und Hage)

Die gesteinsbildenden Elemente sind im Rahmen der Ungenauigkeiten mit dem Faktor 2 dieselben wie die in CI-Chondriten und im Sonnensystem. Jedoch sind H, C und N mehr angereichert als in diesen Chondriten. Dies kann als Hinweis darauf verstanden werden, daß der Staub aus dem *Halley*'schen Kometen noch weniger fraktioniert und damit ursprünglicher, also der präplanetaren Materie noch näher ist als die CI-Chondrite, was z. B. mit der unterschiedlichen Entfernung der Entstehungsgebiete der Chondrite und der Kometen von der Sonne zusammenhängen kann.

Ein weiteres interessantes Ergebnis der Interpretation der Staubdaten: Wenn Gas und Staub zusammen eine solare Zusammensetzung der Elemente des *Halley*'schen Kometen ergeben sollen, weist dies auf ein Massenverhältnis von emittiertem Staub zu Gas von ungefähr 2 hin. Bei einem mittleren Massenverlust des Kometen *Halley* im Jahre 1986 infolge der Ausgasung in Sonnennähe um $3{,}5 \cdot 10^{11}$ kg folgt bei Berücksichtigung des Staubes ein Gesamtverlust des Kometen an Masse von ca. 10^{12} kg, also einigen Hundertstel bis Tausendstel der Gesamtmasse.

Ein anderes Charakteristikum des kometaren Staubes ist seine Größenverteilung. Da bisher keine detaillierten und systematischen Beobachtungen einzelner Partikel erfolgten, ist man auch hier auf indirekte Schlüsse und Modelle angewiesen. So benötigt man beispielsweise die ja ebenfalls unbekannte Dichte eines Partikels, um bei einer aus dem Aufschlag bestimmten Masse auf einen mittleren Radius schließen zu können. Aus Messungen der VEGA- und Giotto-Sonden konnte aber gemäß McDonnell immerhin abgeleitet werden, daß in der Koma des Kometen *Halley* Partikel zwischen 10^{-19} kg (entsprechend einem Radius von ca. 10 Nanometern) und 10^{-5} kg (entsprechend einem Radius in der Größenordnung von Millimetern) vorhanden waren. Die Existenz noch kleinerer Partikel erscheint wahrscheinlich, konnte aber nicht zweifelsfrei belegt werden. Interessant dabei ist, daß die Dichte dieser sehr kleinen („subfemtogramm-")Teilchen offenbar bemerkenswert gering ist. Demnach sind diese Teilchen sehr porös und locker aufgebaut, vielleicht handelt es sich aber auch, zumindest teilweise, um Riesenmoleküle. Teilchen, die größer als im Millimeterbereich sind, konnten direkt mit Radarmethoden nachgewiesen werden. Natürlich nehmen die Teilchendichten mit abnehmender Teilchengröße zu, beispielsweise lagen die abgeschätzten Fluenzen (Anzahl der pro Quadratmeter aufgeschlagenen Teilchen) bei der Giotto-Sonde um 10^{-9} m^{-2} bei den

Element	Staub	P/Halley Staub und Eis	Sonnensystem	CI-Chondrite
H_2	2025	4062	2600000	492
C	814	1010	940	70,5
N	42	95	291	5,6
O	890	2040	2216	712
Na	10	10	5,34	5,34
Mg	100	100	100	100
Al	6,8	6,8	7,91	7,91
Si	185	185	93,1	93,1
S	72	72	46,9	47,9
K	0,2	0,2	0,35	0,35
Ca	6,3	6,3	5,69	5,69
Ti	0,4	0,4	0,223	0,223
Cr	0,9	0,9	1,26	1,26
Mn	0,5	0,5	0,89	0,89
Fe	5,2	52	83,8	83,8
Co	0,3	0,3	0,21	0,21
Ni	4,1	4,1	4,59	4,59

Tab. 12: Mittlere atomare Häufigkeiten (bezogen auf Magnesium = 100) in Staubpartikeln des Kometen P/Halley (nach Jessberger und Kissel)

sehr kleinen Teilchen (10^{-19} kg) und bei einem Teilchen pro Quadratmeter bei den Millimeter-Partikeln (McDonnell). Im mittleren Verhalten ist diese Abnahme einigermaßen gleichmäßig und monoton. Interessant ist aber, daß sie mit zunehmender Größe bei den sehr kleinen Teilchen deutlich geringer als im mittleren Verlauf ist, was auf eine besondere Teilchen-Population in diesem Größenbereich hinweist. Sehr wahrscheinlich handelt es sich hier direkt um die Staubteilchen interstellarer Herkunft, aus denen die Kometen ursprünglich zusammen mit den Volatilen aufgebaut wurden. Ein analoger Schluß gilt wegen einer ähnlichen Abweichung vom mittleren Verlauf auch für die Teilchen im Zehntelmillimeter- und Millimeterbereich und vielleicht auch für noch größere Teilchen. Allerdings sind aus den VEGA- und Giotto-Messungen keine Aussagen über größere als Millimeterteilchen ableitbar. Auch hier sollte also ebenfalls eine physikalisch ausgezeichnete Teilchenpopulation vorliegen. Diese Vermutung wird durch Radarbeobachtungen bestätigt (Campbell). Das Vorhandensein solcher Partikel in der Umgebung eines Kometenkerns ist nicht überraschend, denn beim Kometen *Halley* können z.B. Partikel bis hin zur Zentimetergröße durch den ausströmenden Gasstrom entgegen dem Wirken der Schwerkraft des Kometenkerns von der Oberfläche abtransportiert und z.B. auf ballistische Bahnen um den Kern gebracht werden. Ihre spätere Ablagerung auf passiven Oberflächenteilen sollte übrigens die letztliche Oberflächenstruktur wesentlich mitbeeinflussen.

3. Die Staubschweife von Kometen

Das astronomische Hauptcharakteristikum der Kometen ist neben der ausgedehnten und diffusen Koma vor allem das Auftreten eines oder mehrerer Schweife. Wie erwähnt, dehnen sich diese bis auf den nur gelegentlich sichtbar werdenden und aus größeren, in der Umgebung der Kometenbahn verteilten Teilchen bestehenden sog. „Gegenschweif" vom Kometen in die der Sonne abgewandte Richtung aus. Die Kometenschweife bestehen im Fall des bis auf eine Abweichung von wenigen Grad fast geradlinig von der Sonne weggerichteten Ionen- oder auch Plasmaschweifes aus ionisierten Gasen, bei den Staubschweifen aus Staubpartikeln, die je nach ihrer Bewegung zu variablen, breitgefächerten und gekrümmten Schweifstrukturen führen können, die vor allem Gegenstand dieses Abschnittes sein sollen. Auf den, infolge der Wechselwirkung der Koma, mit dem vorbeiströmenden Sonnenwind entstehenden Plasmaschweif soll hier nicht weiter eingegangen werden.

Der bereits erwähnte Gegenschweif, der zu den Staubschweifen gehört, ist zumeist recht schmal. Er ist nicht bei allen Kometen und auch nur gelegentlich beobachtbar, und er dehnt sich scheinbar in der Richtung zur Sonne hin aus. Dieses Phänomen entsteht dadurch, daß sich in der Folge der Aktivität des Kometen und des resultierenden Staub- und Partikelausstoßes bereits viele Teilchen in der Umgebung des Kometen in seiner Bahnebene angesammelt haben. Hierbei handelt es sich im Vergleich zu dem feineren Staub, wie er im eigentlichen Staubschweif auftritt, hauptsächlich um schon größere Partikel, die noch in der näheren Umgebung des Kometenkerns verblieben sind und die im Gegensatz z.B. zu den feineren Staubteilchen des Staubschweifes in ihrer Bewegung nicht wesentlich vom Lichtdruck beeinflußt werden. Kreuzt nun die Erde bei ihrer Bewegung um die Sonne die Bahnebene des Kometen, so sieht man von der Erde aus auf diese scheinbar auf eine Linie zusammengedrängten Teilchen, die also in dieser Konstellation wegen des resultierenden Projektionseffektes besonders gut beobachtbar sind. Dabei werden gerade auch die scheinbar in Richtung Sonne liegenden Teilchen sichtbar.

Gemäß der von Bessel bereits 1836 geäußerten Vermutung und der von Finson und Probstein entwickelten Theorie bewegen sich die vom Kometenkern emittierten feineren Staubteilchen nach dem Abklingen der Gas-Staub-Wechselwirkung infolge der expansionsbedingt abnehmenden Gasdichte von einer gewissen Entfernung vom Kern an in der Koma praktisch nur noch unter dem Einfluß der Gravitation der Sonne und des solaren Lichtdrucks. Ihre Bewegung hängt damit insbesondere auch von ihren spektralen Eigenschaften (Absorption, Streuung) und ihren Größen ab, so daß insgesamt ein recht breites Band von Bahnen möglich wird, das eben gerade zu dem Phänomen des breit gefächerten Staubschweifes führt. Da Lichtdruck und Gravitation in gleicher Weise vom Sonnenabstand abhängen, bewirkt der Lichtdruck so etwas wie eine Korrektur der „effektiven" Gravitation, die einfach mit einem Korrekturfaktor „μ" zu beschreiben ist, wobei $(1-\mu) \approx 0,1-1$. Die Staubteilchen bewegen sich also auf Keplerbahnen um die Sonne mit einer reduzierten Gravitationsbeschleunigung, die bei den gegebenen Anfangsgeschwindigkeiten aus den Beschleunigungen in Kometennähe und bei den gegebenen Parameterwerten letztlich wegen des repulsiven Lichtdruckes zu konkaven Hyperbeln führen (vgl. die nachfolgende Abb. 13).

Teilchen unterschiedlicher Emissionszeiten t_i $(i = 1...4)$ befinden sich bei gleicher Kraft (also z.B. gleicher Größe) zum Zeitpunkt T auf der in Abbildung 13 als durchgezogene Linie

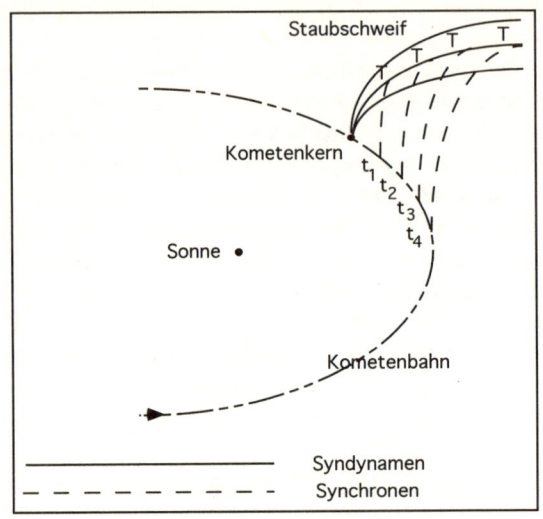

Abb. 13: Bahntypen der den Kometenschweif bildenden Staubteilchen

dargestellten Syndynamen, z. B. in der Mitte des Schweifes. Synchronen ergeben sich bei zum gleichen Zeitpunkt gestarteten, unterschiedlichen Teilchen, die sich also unterschiedlich schnell bewegen, auf den gestrichelt dargestellten Bahnen.

Besonders hervorheben können sich dabei die Bahnen einer Teilchengruppe mit gleichen Eigenschaften in Größe sowie Absorption und Streuung des Lichtes, bei denen die gleiche Kraft auf alle diese Teilchen wirkt (*Syndynamen*). Bei den dann gleichen Bahnen wird eine Häufung dieser Partikel auf dieser Bahn auftreten und damit z. B. eine Strukturierung des Schweifes. Eine andere Struktur kann, wie oben dargestellt, daher rühren, daß eine größere Anzahl von Staubteilchen praktisch zum gleichen Zeitpunkt gestartet wurde (*Synchronen*) und sich damit im Schweif hervorhebt. Die sog. *Streamer* in Kometenschweifen sind dabei sich wegen ihrer größeren Anzahl besonders hervorhebende Teilchen auf „Synchronen", die aus Ausbrüchen resultieren.

VI. Die Herkunft der Kometen

In den vorhergehenden Abschnitten wurde bereits mehrfach erwähnt, daß die Kometen ursprünglich aus den äußeren Teilen unseres Sonnensystems stammen. Wie aber kamen sie dahin, denn dort können sie ja nicht entstanden sein, weil dort nie genug Materie zum Wachstum größerer Körper vorhanden gewesen sein kann? Wie, wann und aus welcher Materie sind sie entstanden, bevor sie in diese fernen Gebiete kamen? Die folgenden Ausführungen stellen den heutigen Kenntnisstand zu diesen Fragen dar. Es gibt hierzu noch keine abgeschlossene Lehrmeinung, sie sind noch Gegenstand der aktuellen Forschung. Zu verweisen ist in diesem Zusammenhang auch auf die im Abschnitt IV dargestellten Modellansätze zum Aufbau von Kometenkernen und ihre Bezüge zu den Vorstellungen der Entstehung von Kometenkernen.

1. Die Oortsche Wolke

Basierend auf Arbeiten von Öpik konnte der holländische Astronom Jan Hendrick Oort 1950 anhand von Bahnen von 19 beobachteten Kometen den relativen Überschuß von langperiodischen Kometen mit Apheldistanzen über 20 000 AE nachweisen. Da Bahnen, die nur schwach durch stellare Störungen beeinflußt werden, bis hin zu Entfernungen von 20 000 AE möglich sind, folgerte Oort, daß sich in diesem Gebiet eine große Zahl von Kometen aufhält, die an und ab durch Störungen infolge vorbeiziehender Sterne abgelenkt, in das innere Sonnensystem (und natürlich auch in den interstellaren Raum) gestreut werden, wo sie in Sonnennähe als Kometen beobachtbar werden (vgl. Abb. 14). Da diese stellaren Störungen im Mittel aus allen Richtungen kommen, war weiterhin davon auszugehen, daß die Bahnen innerhalb dieser „Oortschen Wolke" über die Dauer der Existenz des Sonnensystems „isotropisiert" wurden, die Kometenwolke also das Sonnensystem quasi in einer Kugelschale umgibt. Oort schätzte ab, daß es in dieser Wolke ca. 10^{11} Kometen geben müsse. Mit einer mittleren Kometenmasse von ca. 10^{13} kg folgte damit eine Gesamtmasse der Kometen von einigen 10^{24} kg, was ungefähr der Erdmasse entspricht. Dieses Ergebnis von Oort wurde in der Folgezeit durch verbesserte Sätze von Bahnberechnungen präzisiert und vom Grundsatz her bestätigt. Auf der Basis von 200 Bahnbestimmungen für langperiodische Kometen fanden Marsden u. a. 1978, daß es eine Häufung der Aphelia dieser Kometen um 45 000 AE gibt, und daß dort also das Maximum der Anzahl der Mitglieder der Oortschen Wolke liegen muß.

Anhand der Daten von Marsden hat Kreszak die Häufigkeit N [Anzahl pro 2/10 einer Dekade] der Kometen in Abhängigkeit von ihrer großen Halbachse a [in AE] bzw. ihrer Bahnperiode P[in Jahren] grafisch dargestellt. Die Abbildung 14 zeigt diese Zusammenhänge, wobei zu beachten ist, daß hier jeweils logarithmische Skaleneinteilungen gewählt wurden. Das Histogramm (untere „eckige" Figur) bezieht sich auf Kometen mit ausgesucht exakten Bahnbestimmungen, die Punkte und die obere Kurve stellen korrigierte Werte in dem Sinn dar, daß

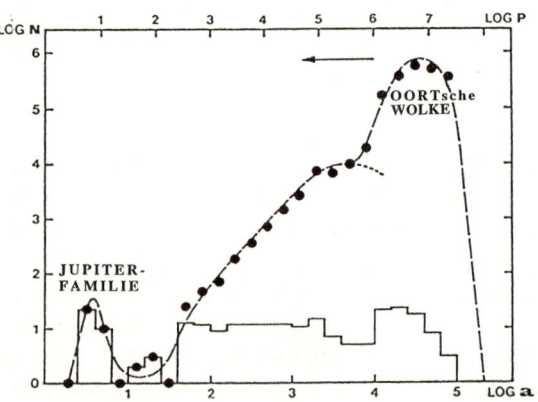

Abb. 14: Häufigkeit N (pro 1/5 einer Dekade) der Kometen in Abhängigkeit von ihrer großen Halbachse a in Astronomischen Einheiten bzw. von ihrer Periode P (in Jahren; nach Kreszak)

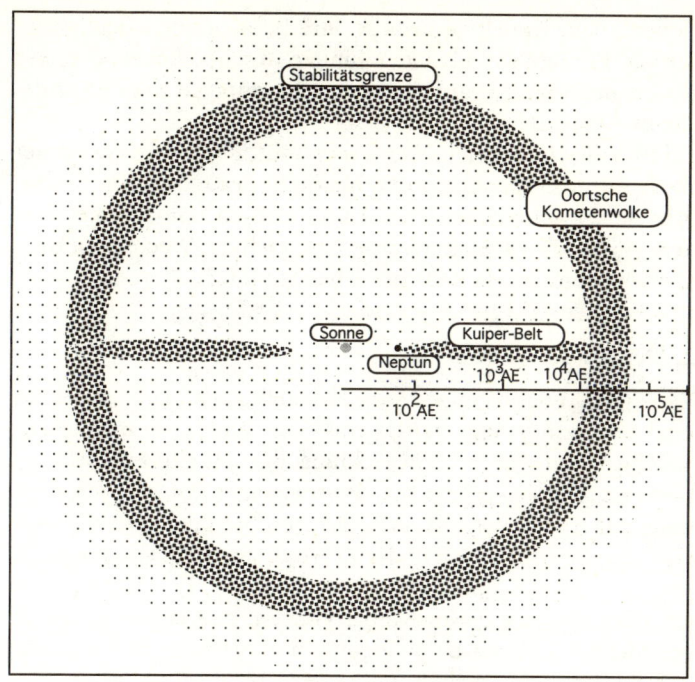

Abb. 15: Schematische Darstellung der Oortschen Wolke und des Kuiper-Belts

die bei langperiodischen Kometen geringe Beobachtungswahr-scheinlichkeit mit berücksichtigt wurde. Wegen der Beschrän-kung auf ausgesuchte Bahnen sind hier nicht die absoluten Zahlen gegeben, sondern nur ein repräsentativer Ausschnitt, um so eine möglichst korrekte Aussage über die radiale Ver-teilung zu erhalten. Der Pfeil gibt die mittlere Verschiebung in Richtung Planetensystem für einen Umlauf eines aus der Oortschen Wolke gestreuten Kometen durch das innere Son-nensystem an. Die Abbildung 14 zeigt neben der Zunahme der Anzahl der Kometen nach außen eine weitere Besonder-heit, nämlich die Existenz der bereits vorgestellten „Jupiterfamilie" von Kometen, die also ihre Bahnen unter dem gravitativen Einfluß des Planeten Jupiter durchlaufen, und damit auch einen Hinweis auf die Wechselwirkungen mit den anderen großen Planeten.

Der Vollständigkeit halber sei erwähnt, daß als Ursachen der Bahnstörungen bei Objekten innerhalb der Oortschen Wolke inzwischen weitere Prozesse erkannt wurden, nämlich das Wirken galaktischer Gezeitenkräfte und auch die Wechselwirkung der Kometenwolke mit vorbeiziehenden interstellaren Wolken.

2. Der Kuiper-Gürtel

Zwei völlig unabhängige Modellvorstellungen, nämlich die zur Entstehung des Planetensystems aus einer „präplanetaren Scheibe" und die zur Entwicklung der „Jupiterfamilie" der Kometen, führen beide zu dem Postulat einer Kometenansammlung außerhalb des Planeten Neptun in dem sog. *Kuiper-Gürtel* zwischen 50 AE und 100 AE, bzw. der *Kuiper-Scheibe* zwischen 50 AE und 500 AE (Kuiper, 1951). Dabei ist ein Charakteristikum dieses Kuiper-Gürtels, daß er aus Kometen gebildet wird, deren Bahnneigung im Gegensatz zu denen der isotropisierten Oortschen Wolke recht klein ist (vgl. Abb. 15).

Die Überlegungen zur Entstehung des Planetensystems gehen wegen der geringen Bahnneigung aller Planeten davon aus, daß diese durch Ansammlung fester Materie aus einer bereits sehr schmalen Staub- und Gas-Scheibe als Vorstadium entstanden. Die heutigen Modelle beschreiben dies als Wachstum infolge einer Anlagerung bzw. „Akkretion" vieler durch Staubagglomeration entstandenen kilometergroßen „Planetesimale". Im äußeren Sonnensystem könnten die Kometen diese Planetesimale gewesen sein, die so auch zum Wachstum der großen Planeten beigetragen haben könnten. Jedenfalls sollten die Kometen auch in dieser Scheibe entstanden sein und somit ursprünglich eine relativ geringe Bahnneigung gehabt haben.

Sie müßten dann in einer etwas späteren Phase, durch die Gravitation der frisch entstandenen großen Planeten gestreut, auch in das innere Sonnensystem diffundiert sein, wohin sie, wie bereits erwähnt, auf diesem Wege vermutlich z. B. das Wasser (und auch nicht-biologische organische Substanzen) gebracht haben könnten, das die früheren hohen Temperaturen in der inneren präplanetaren Scheibe nicht „überlebt" haben kann und erst später dorthin gelangt sein muß.

In den äußeren Gebieten dieser präplanetaren Scheibe und in ausreichender Entfernung von den großen Planeten sollten dann aber nach Ansicht des holländischen Astronomen Kuiper die Kometenbahnen so stabil geblieben sein, daß z. T. heute noch eine große Zahl von Kometen in diesen Gebieten vorhanden sein müßte. Dieses Gebiet, der „Kuiper-Gürtel", ist, so zeigen Modellrechnungen, eine wesentliche Quelle für die Kometen der Jupiterfamilie, die von Neptun und dann der Reihe nach von den anderen großen Planeten gestört, in die Einflußsphäre des Jupiters bewegt wurden, in der sie sich, quasi eingefangen, ansammeln können. Natürlich ist anzunehmen, daß sich der Kuiper-Gürtel, freilich verdünnt, wegen einer auch auswärts gerichteten Streuung bis in den inneren Teil der Oortschen Wolke ausdehnen sollte.

Die größeren „transneptunischen" Körper des Kuiper-Gürtels sind zunehmend Gegenstand aktueller astronomischer Beobachtungen, da sie mit der steigenden Empfindlichkeit astronomischer Techniken mehr und mehr direkt beobachtbar werden. Gegenwärtig sind ca. 30 derartiger Körper bekannt, und ihre Anzahl wächst laufend weiter. Sicherlich wird die Zahl der Entdeckungen dieser transneptunischen Objekte in naher Zukunft noch deutlich zunehmen und so einen neuen Teil unseres Planetensystems enthüllen, der vielleicht wesentliche neue Erkenntnisse über die Entstehung der Kometen und größerer Körper in den äußeren Teilen unseres Planetensystems und ihres späteren Einflusses auf die Entwicklung im inneren Sonnensystem offenbaren kann.

3. Die Entstehung von Kometen

Gemäß den heutigen Vorstellungen über die Entstehung des Sonnensystems mit seinen Planeten und Kleinkörpern bildete sich aus einer kollabierenden interstellaren Teilwolke um die frühe und selbst noch wachsende Sonne drehimpulsbedingt zeitweise eine quasistationäre Scheibe aus Gas und Staub, die sog. *präplanetare Scheibe*, auf die weiterhin noch Materie aus der kollabierenden Wolke einstürzte und aus der auch noch Masse auf die Sonne floß.

Als Folge der zunehmenden Masse der Sonne und ihrer resultierenden Gravitation wurden die Staubpartikel aus der Gas-Staub-Scheibe, quasi in einem „Sedimentationsprozeß", in die Mittelebene der Scheibe gezogen. Mit der zunehmenden Massendichte des Staubes begann dieser die Bewegung in dieser Mittelebene zu dominieren, d.h. auf die allein durch die Gravitation bestimmten Keplerbahnen zu bringen. Da sich das Gas wegen seines nach außen gerichteten Druckes, der etwas die Gravitation der Sonne kompensierte, leicht langsamer als mit Keplergeschwindigkeit (Bahngeschwindigkeit um die Sonne) bewegte, traten reibungsbedingt Grenzschichten oberhalb und unterhalb der Mittelebene auf, innerhalb derer die Keplerbewegung dominierte, und außerhalb derer der Gasdruck die Gasbewegungen mit beeinflußte. Diese Grenzschichten waren übrigens Ursache für eine Turbulenz in der Staubschicht um die Mittelebene, deren Einfluß auf das Staubwachstum man noch nicht vollständig verstanden hat. Während der Sedimentation durch Zusammenstöße zu ausreichender Größe gewachsene Staubpartikel wurden aber durch diese Turbulenz nicht mehr wesentlich beeinflußt; sie konnten vermutlich gut durch weitere Zusammenstöße mit den von der Turbulenz aufgewirbelten Teilchen wachsen.

Die typischen Kollisionsgeschwindigkeiten lagen im äußeren Sonnensystem im Bereich weniger zehn Zentimeter pro Sekunde. Die Zusammenstöße waren also sehr weich und die resultierenden größeren Körper sollten somit noch eine recht geringe Dichte und eine sehr lockere Struktur gehabt haben. Wie im oberen Teil der Abbildung 10 dargestellt, könnten die ursprünglichen Bausteine dieses Wachstums in den äußeren und kälteren Teilen des entstehenden Sonnensystems zusammengelagerte und eisummantelte Staub/Eis-Partikel sein. Dort,

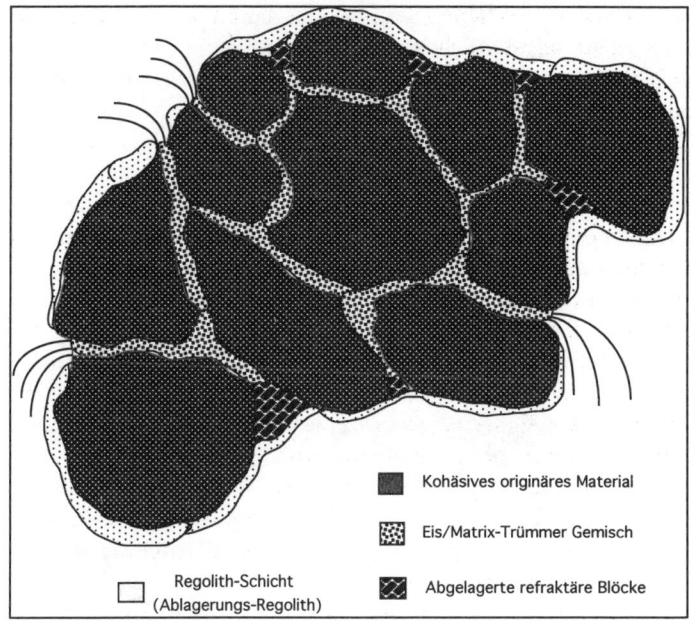

Abb. 16: Blockstruktur-Modell für Kometenkerne

wo das weitere Wachstum zunehmend durch die Anlagerung immer größerer und bereits durch vorherige sanfte aber immerhin kompaktierender Kollisionen gewachsener Körper erfolgt, dürfte die Struktur dieser wachsenden Körper „selbstähnlich" sein, oder, wie man auch sagt, „fraktal"; keine charakteristische Länge (außer der der ursprünglichen Eis-Staub-Partikel) ist bei so gewachsenen Körpern ausgezeichnet.

Eine solche typische Skalenlänge könnte sich aber laut Weidenschilling dadurch herausbilden, daß die durch Reibung mit dem Gas verursachte, systematische Einwärtsbewegung der wachsenden Körper ein Minumum bei Größen von ca. hundert Metern bis zu Kilometergröße hat, nach der die Körper dann durch ihre eigene Gravitation aufgewirbelt werden und ein anderes Kollisionsregime beginnt, ähnlich dem von Safronov für das Planetenwachstum aus Planetesimalen angenommenen. Die Kometen könnten dann die kleineren Überbleibsel der Planetesimalentstehung im äußeren Sonnensystem sein und so aus Bausteinen im genannten Bereich hunderte Meter bis Kilometer bestehen, wie es das „Primordialer-Trümmerhaufen Modell" von Weissman vorschlägt. Ein Problem dieses Ansatzes ist jedoch, die Relativgeschwindigkeit zwischen Gas und Staub in der „Staub-Subscheibe" um die Mittelebene abzuschätzen, da das Gas dort praktisch durch den Staub zwangsweise auf Keplerbahnen mitbewegt wird.

Ich selbst vertrete die Auffassung, daß im entstehenden äußeren Sonnensystem, ab ca. 100 Astronomischen Einheiten Abstand von der Sonne, die Massendichte innerhalb der relativ massiven Staubscheibe um die Mittelebene ausreiche, um durch die Eigengravitation einzelne gravitativ gebundene „Ensembles" aus metergroßen und größeren Körpern nicht nur zusammenzuhalten, sondern zu einem durch ihre Gravitation verursachten Kollaps zu bewegen. Dieser Kollaps erhöhte die Dichte und die Anzahl der Kollisionen und beschleunigte somit das Wachstum der immer größeren und immer weniger häufigen Körper. Bei einer Größe um 1 km beginnt dann, wie oben erwähnt, die Auflösung dieses Ensembles infolge der gravitativ bedingten Aufwirbelung des Ensembles. Im Ergebnis folgt ebenfalls eine charakteristische Größe für die kometaren „Bausteine" (vgl. Abb. 16). Das Entstehungsgebiet der Kometen liegt in diesem Modell also in einem Bereich um 100 AE. Im Gegensatz zum „rubble pile"-Modell, bei dem die kleineren Körper verschiedener Skalen im wesentlichen durch ihre Gravitation aneinander gehalten werden, sind es hier die Bindungsspannungen der Kometenmaterie, die den Kern zusammenhalten. An den Blockgrenzen sollten diese Bindungen infolge der Anlagerungsstöße jedoch schwächer sein. Diese kollisionsbedingt deformierten Kontaktzonen zwischen den zusammengewachsenen Bausteinen eines Kometenkerns könnten übrigens genau die aus dem Zerfall von Kometenkernen gefolgerten „Schwächezonen" sein, so daß es nicht nur Modellüberlegungen, sondern auch Beobachtungen sind, die für ein „Blockmodell" der oben skizzierten Art sprechen.

Literatur

Bortle, J.C., *Sky and Telescope*, 61, 123 (1981)

Brandt, J.C., Chapman, R.D., *Rendezvous im Weltraum*, Birkhäuser Verlag, Basel (1994)

Chebotarev G. A., Kazimirchak-Polonskaya E. I. (Hrsg.), *The Motion, Evolution of Orbits, and Origin of Comets*, D. Reidel Publ. Co., Dordrecht (1972)

Engelhardt, W., *Planeten, Monde und Kometen*, Wissenschaftliche Buchgesellschaft, Darmstadt (1990)

Fischer, D., Heuseler, H., *Der Jupiter-Crash*, Birkhäuser Verlag, Basel (1994)

Grewing M., Praderie F., Reinhard, R. (Hrsg.), *Exploration of Halley's comet*, Springer Verlag, Berlin/Heidelberg/Wien (1988)

Haliday I., McIntosh, B.A.(Hrsg.), *Solid Particles in the Solar System*, D. Reidel Publ. Co., Dordrecht (1980)

Heitzer, E., *Das Bild des Kometen in der Kunst*, Ullstein Verlag, Berlin (1995)

Huebner, W.F.(Hrsg.), *Physics and Chemistry of Comets*, Springer Verlag, Berlin/Heidelberg/Wien (1990)

Klinger, J., et al., (Hrsg.), *Ices in the Solar System*, D. Reidel Publ. Co., Dordrecht (1985)

Kreszak, *Comets*, in: Wilkening, L.L. (Ed.), University of Arizona Press, Tucson (1982)

Krueger, F.R. und J. Kissel, in: *Naturwissenschaften*, 74, 312-316 (1987)

Lang, K.R., *Astrophysical Data, Planets and Stars*, Springer Verlag, Berlin/Heidelberg/Wien (1991)

Marsden, B.G., G.V. Williams, *Catalogue of Cometary Orbits*, 10th Edition, Minor Planet Center (1995)

Möhlmann, D., Sauer K., Wäsch R. (Hrsg.), *Kometen*, Akademie Verlag, Berlin (1990)

Newburn, R.L, Neugebauer, M., Rahe J.(Hrsg.), *Comets in the Post-Halley Era*, Kluwer Acad. Publ., Dordrecht (1991)

Newcomb-Engelmann, *Populäre Astronomie*, 7. Auflage, herausgegeben von H. Ludendorff, Verlag Wilhelm Engelmann, Leipzig (1922)

Reichstein, M., *Kometen – Kosmische Vagabunden*, Urania Verlag, Leipzig/Jena/Berlin (1985)

Weigert, A., Zimmermann, H. (Hrsg.), *Brockhaus ABC der Astronomie*, Brockhaus Verlag, Leipzig (1973)

Register